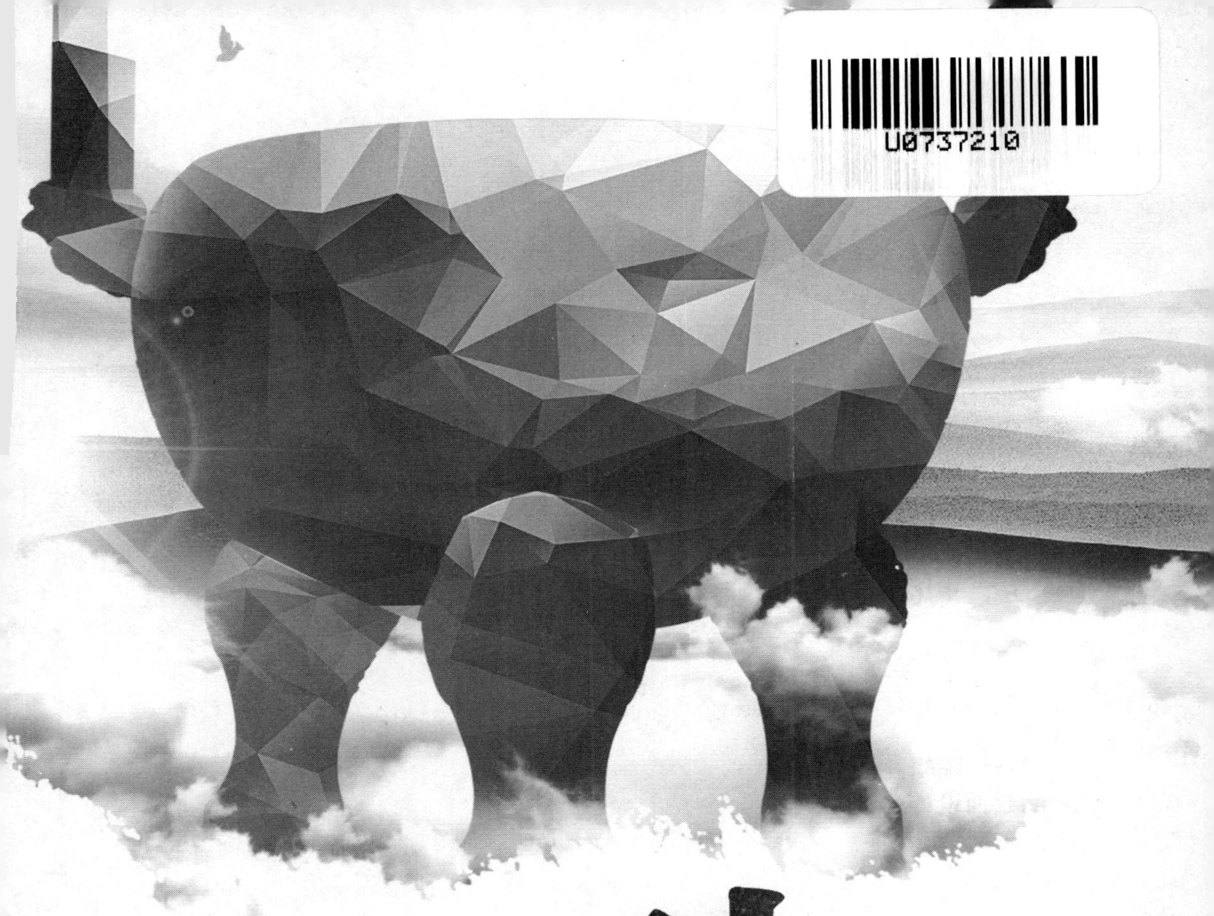

行动制胜

XINGDONG ZHISHENG

人生来是为行动的，就像火总向上腾，石头总是下落。
对人来说，一无行动，就等于他并不存在。

现实是此岸，理想是彼岸，中间隔着湍急的河流，
行动则是架在川上的桥梁。

浩晨·天宇◎编著

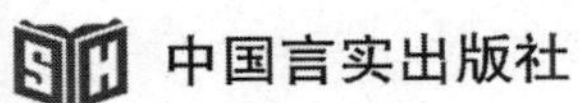

图书在版 编目(CIP)数据

行动制胜 / 浩晨·天宇编著. -- 北京 : 中国言实出版社, 2017.1

ISBN 978-7-5171-2210-4

Ⅰ. ①行… Ⅱ. ①浩… Ⅲ. ①成功心理—通俗读物 Ⅳ. ①B848.4-49

中国版本图书馆CIP数据核字(2017)第013615号

责任编辑： 胡　明
封面设计： 浩　天

出版发行　中国言实出版社

地　址：北京市朝阳区北苑路180号加利大厦5号楼105室
邮、编：100101
编辑部：北京市海淀区北太平庄路甲1号
邮　编：100088
电　话：64924853（总编室）64924716（发行部）
网　址：www.zgyscbs.cn
E-mail：yanshicbs@126.com

经　销　新华书店
印　刷　三河市天润建兴印务有限公司
版　次　2017年2月第1版　2017年2月第1次印刷
规　格　787毫米×1092毫米　1/16　印张15
字　数　200千字
定　价　39.80元　　ISBN 978-7-5171-2210-4

前 言

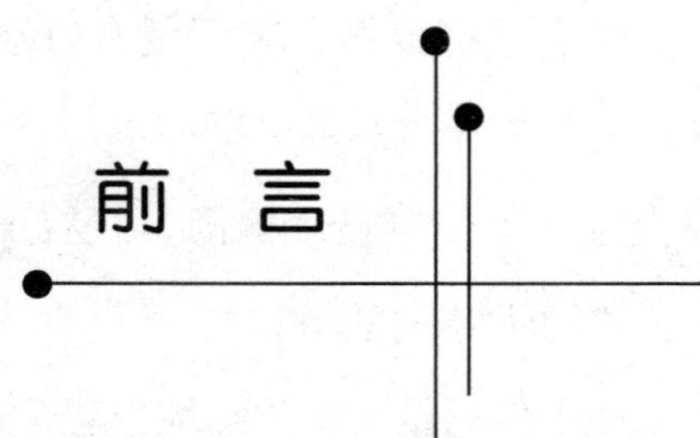

我们知道，许多机会都是在议而不决、决而不行之中而白白浪费掉的。尽管在很多时候，我们都认为有行动不一定有好结果，但事实是不行动就一定不会有结果。毕竟成功者给我们的结论是：只有不懈地行动，才能取得成功。

人们常常被那些激动人心的话语刺激得热血沸腾，只觉得浑身充满力量，恨不得马上大干一场。但它如大海的波浪，来得快去得也快。思想上的震颤，情感上的激动都只是短暂的，真正重要的还是行动，行动，再行动。

假如你具备了知识、技巧、能力、良好的态度与成功的方法，懂得比他人都多，但你还可能不会成功。因为你必须要行动，只有行动才能说明一切，只有行动才会取得你想取得的结果，只有行动你才能到达你想要去的地方。这正如一位成功人士所说："一百个知识不如一个行动"。

假如你已经行动了，还看不到结果时，怎么办？因为你行动得太慢了，只要你快速行动，才会超越竞争对手，才能取得成功。尤其是在这个以速度取胜的时代，速度就等于成功，只有用最快的速度领跑，你才能超越与你在同一起跑线上的人。

总之，行动慢，等于没有行动。你只有快速行动，立刻去做，比你的竞争对手更早一步知道、做到，你才有成功的机会。因为成功不会自己来敲门，只有那些为了寻找它而立即行动的人，才能获得它的青睐。

如果你只是不切实际地空想，是不会有任何成功的。如果你只是满脑子的空想，滔滔不绝的理论，但落实到工作上却是大事做不来，小事又不想去做，还是与成功无缘。别人在一步一个脚印地往前走，往上走，你还在原地踏步，这怎么会有成功可言?

爱默生告诫我们：“当一个人年轻时，谁没有空想过？谁没有幻想过？想入非非是青春的标志。但是，我的青年朋友们，请记住，人总归要长大的。天地如此广阔，世界如此美好，等待你们的不仅仅是需要一对幻想的翅膀，更需要一双脚踏实地的脚。”

这些名人告诉我们：我们必须掌握时间，立即行动！这是我们超越竞争对手的关键，这是帮助我们达到目标的关键，也是帮助我们解决一切问题的关键，更是能够帮助我们走向成功的关键。我们在强调速度的同时，必须始终处于行动、行动、再行动的境界之中!

目 录

第一章
为梦想而行动

第二章
向着目标不断前行

第三章
勇敢面对行动中的挫折

第四章 立即行动

第五章
成功属于行动的人

第一章
为梦想而行动

在行动的过程中，我们要看自己得到了什么，不要看自己失去了什么。如果在梦想与行动之间有所选择的话，那就让我们明白：在实现梦想的过程中是离不开行动的，正因为我们有了梦想，所以我们的心灵才能够变得更加明亮，正因为我们有了行动，所以我们的人生才更加卓越。

梦想的实现，离不开行动

有一些人能够超越飘浮的想，进入有目标、有指向的想，并在周密地想过之后，立即投注行动，然后创造奇迹。

——佚名

人类最神奇的力量莫过于梦想了，而梦想的实现，却离不开行动。

假设一下，你现在可以想象二十年前为自己所设计的梦想，哪些已经实现了，哪些为什么还没有实现。你就会发现，实现了的梦想，基本你都去做了，也就是去行动了；而没有实现的，你还处于等待之中，也就是还没有投入行动。你再想一下，二十年后的世界是什么样子，你会做什么设想呢？你又如何去实现呢？你还是会发现，梦想的实现最终还是离不开行动。此时，你就会下结论说：是梦想勾画了今天的人类社会，是行动创造了今天的人类社会。

在很久以前，我们的祖先就梦想着有一对翅膀，也就是我们常说的天使，能够让自己在天空中飞翔，但是多年后，莱特兄弟终于飞上了梦寐以求的蓝天；古人鸿雁传书，忍受着等待的痛苦，许多年后，贝尔发明了电话，终于使古人的梦想变成了现实；宝马日行千里，但终有筋疲力尽之时，史蒂文森原先是一个贫穷的矿工，但他制造火车机车的梦想最终也变成了现实，使人类的运输能力得以空前的提高；对未来世界的憧憬，使冒险家哥伦布漂洋过海，发现了美洲大陆；对广袤宇宙的渴望，使宇航员加加林历经危险，飞上了浩瀚太空……

梦想一个个实现，人类一步步前进，所有这些都离不开行动。

有一个名叫赵莉的女孩梦想自己能当上舞蹈演员，她知道天下没有免费的午餐，一切成功都要靠自己努力去争取。她白天打工，晚上在大学的舞蹈艺术班上夜校。毕业之后，她开始谋职，几乎跑遍了北京的每一个剧团和演出公司。但是，每个剧团和演出公司的负责人对她的答复都差不多：“我们只需要有表演经验的演员。”

但是，她没有退缩，一边继续训练，一边出去寻找机会。她一连几个月仔细阅读演出方面的报纸杂志，最后终于看到一则招聘广告：在朝阳区有一家很小的演出公司正在招聘一名舞蹈演员。

赵莉是沈阳人，一直在北方长大，北京的阴冷气候是难不倒她的，她认为只要能够登上舞台，让她干什么都行！她必须抓住这个工作机会，于是冒着冬天刺骨的寒风去位于朝阳区的那家演出公司应聘了，以此希望通过这次的机会，能够实现自己的理想。

赵莉终于应聘成功了！于是她在那里工作了两年，在表演上取得了进步，最后被一家大型演出公司相中，从而使她登上了期盼已久的大舞台。又过了多年，她已经成为备受新闻媒体关注的表演家了。她的梦想终于实现了！

所以，生活中无论做什么事，付诸行动最为重要。成功不会自己来敲门，只有现在就行动，大量地行动，持续不断地行动，才会使自己走向成功。正是因为有了梦想，伟大的建筑师、设计家、发明家眼中看到的不是大城市中的贫民窟和那些破旧的建筑，而是那些破房子有没有可能重新建成新的社区；在新环境下，人们怎样更好地生活、工作和玩乐。任何企业、学校、学院以及建筑……都是拥有梦想的人最后实现目标的结果——对世界最有贡献、最有价值的人，就是那些目光远大、有先见之明的梦想者。运用智力和知识来造福人类，把那些目光短浅、深受束缚和陷于迷信的人解救出来。有先见之明的梦想者，常把常人看来做不到的事情变为现实。

许多年前，曾经有个英国教师，在整理阁楼上的旧物时，发现了一叠练习册，它们是自己以前所执教的中学的30多位孩子的春季作文，题目叫《未来我是……》。他本以为这些东西在德军空袭伦敦时被炸飞了，没想到它们竟安然无恙地躺在自己家里，并且一躺就是25年。

他顺便翻了几本练习册，很快被孩子们千奇百怪的自我设计迷住了。比如：有个学生说，未来的他是海军大臣，因为有一次他在海中游泳，喝了3升海水都没有被淹死；还有一个说，自己将来必定是法国的总统，因为他能背出25个城市的名字，而同班其他同学最多只能背出7个；最让人称奇的，是一个叫戴维的盲学生，他认为，将来他必定是英国的一个内阁大臣，因为在英国还没有一个盲人走入过内阁。总之，30多个孩子都在作文中描绘了自己的未来。有当宇航员的、有当魔术师的、有想去外星探险的，总之，五花八门，应有尽有。

教师读着这些作文，突然有一种冲动——何不把这些本子重新发到同学们手中，让他们看看现在的自己是否实现了25年前的梦想。当地一家报纸知道他这一想法后，为他发了一则启事。没几天，书信像雪片般向教师飞来，他们中间有商人、学者及政府官员，更多的是一些没有身份的人，他们都表示，很想知道儿时的梦想，并且想得到那本作文簿，教师按地址给他们一一寄去。

一年后，教师身边仅剩下一个作文本没有人索要，这个人叫戴维。他想，这个叫戴维的人肯定死了。毕竟25年了，25年间是什么都会发生的。

就在他准备把这个本子送给一家私人收藏馆时，他收到了内阁教育部大臣布伦克特的一封信。他在信中说："那个叫戴维的人就是我，感谢你还为我保存着儿时的梦想，不过我已经不需要那个本子了，因为从那时起，我的梦想就一直在我的脑子里，没有一天放弃过。25年过去了，可以说我已经实现了自己的梦想。今天，我还想通过这封信告诉我其他的30位同学，只要不让年轻时的梦想随岁月飘逝，成功总有一天会出现在你的面前。”

布伦克特的这封信后来被发表在《太阳报》上，因为他作为英国第一位盲人大臣，用自己的行动证明了一个真理：假如谁能把15岁时想当总统的愿望保持25年，那么他现在一定是一位总统了。

当我们回顾历史的时候，我们就会发现伟大人物之所以有那么惊人的成就，乃是对自己有了超出一般人的梦想。只要你努力了，付出了，在你通往梦想的旅途中，你会惊喜自己实现的梦想的任何意外之结局，它往往成为你生命永恒的收获。

潜能激发：人生需要梦想

在我们的梦想还没有进入实践之前，我们便称之为“梦”，人人都有梦。过去的梦，可能早已被遗忘！如果你还一直保持原先的那个梦，今天的你又会是什么样子呢？

多少人魂牵梦萦，情系往昔，慨叹风雨飘摇，逝者如斯。一些人奋力搏击出了生命力，突破了人生困境，最终成为其他人效法的典范……“打心底里我相信自己有不凡的才干，能做出伟大的事情，而现在，为什么是这样，而不是那样的呢？”

其实，你和我也都能活出不凡的生命力，只要我们拿出勇气，相信有能力面对人生中的各种挫折，并拿出相应的行动，你和我同样能突破人生的困境。

金·C.吉列，由发明刮胡刀到把它推向市场，前后将近8年时间。这8年岁月，对吉列而言，不啻漫长的一个世纪，如果他不是具有坚定的致富信念，如果他不是拥有渴望财富的心态，如果他不是把他自身的优秀素质发挥出来，他的安全刮胡刀也许早就半途而废了。

金·C．吉列自幼家境不好，读书不多，十几岁就开始学做生意，后来做了旅行推销商，终年奔波各地，推销各种商品。

虽然他做推销员的成绩非常出色，但他真正的志趣并不在此，他想成为一个真正的富豪，成为财富的主人。

有一次，跟一位同行闲聊，聊到各人的未来愿望时，那位推销员说："我以为世界上再没有比做一个成功的推销员更痛快的事了。你看，就像我们这样，一年有将近三分之二的时间在外面旅行，吃得舒服，住得舒服，过得也自由，不像在太太身边一样，不管到什么地方去，都得先向她备个案。"

"也许是因为你怕太太的关系，所以才会有这种想法。"吉列笑着说，"我却觉得做推销员不是个长久之计。"

"为什么？"

"因为，不管你推销的技术如何高明，也不管你的业绩是何等的优异，总是替人家干活。"吉列接着说："这一行赚钱再多，终究有个限度。所以我认为要想赚大钱，必定要自己干。"

"噢，原来你想当大老板！"那位同行带点调侃的口吻说，"你将来准备做什么生意？看样子你好像已经胸有成竹了！"

吉列摇头说："要做什么，我自己也不知道。但我相信我不会做一辈子的推销员。"

由这段谈话可以看出，吉列是个胸怀大志的人！而胸怀志向正是一个创业者不可缺少的重要素质之一。在担当销售员角色的这段生涯中，吉列有一个独特的习惯，每到晚间休息时，他总是煮一壶咖啡，一个人坐在沙发上，一面喝，一面沉思。

吉列是在一次刮脸中获得发明安全刮胡刀的灵感的。当他对着镜子一点一点地刮胡子时，疼得他几次想把刀子扔掉，再看看那伤痕累累的脸，心里越发觉得懊恼了。

难道世上没有更好的刮胡子的方法了吗？他愤然地想。这是反抗意识下的必然反应，而世上有很多大事业都是在这一反应中萌芽的。

当“有没有更好的刮胡子的方法”这一意念进入吉列的脑海中时，他那因刀子不快而被搅乱的情绪突然静止了下来，另一个意念又跟着诞生了：“是啊，难道找不出一个更好的方法来造福天下的男人吗？”

就在这一念之间，吉列寻找了一二十年的发明灵感，终于闪亮了！

“我要研究一种既不会割破脸又不用磨的刮胡刀！”这是他那天早上想了很久以后得到的结论，也是他走向大企业之林的起点。

由此可以看出，人生实在宝贵，它赋予我们每个人独特的权利、机会和责任，只要我们用心去耕耘，就能结出丰盛的果实。到底是什么因素决定了我们每个人的不同命运？为什么有的人虽身处困顿的环境却能开创出不凡的人生，而另一些人却在优裕的环境中毁掉了自己的一生？关键的因素是看他们是否有一个梦想。

约翰尼·卡特早年有一个梦想，他的梦想就是当一名歌手。参军后，他买到了自己有生以来的第一把吉他。他开始自学弹吉他并练习唱歌，甚至自己创作了一些歌曲。服役期满后，他开始努力工作以实现当一名歌手的夙愿，可他没能马上成功。没有人请他唱歌，就连电台唱片音乐节目广播员的职位也没能得到。他只得靠挨家挨户推销各种生活用品维持生计，不过他还是坚持练习唱歌。后来，他组织了一个小型的歌唱小组在各个教堂、小镇上巡回演出，为歌迷们演唱。终于，他灌制的一张唱片奠定了他音乐成就的基础。他吸引了不少的歌迷！金钱、荣誉、在电视屏幕上露面——所有这一切都属于他了。他对自己的实力坚信不疑，这使他获得了成功。

然而，卡特接着又经受了第二次考验。经过几年的巡回演出，他被那些狂热的歌迷拖垮了，晚上必须服安眠药物才能入睡。他的恶习日渐严重，以至于失去了控制能力——他不是出现在舞台上，而是出现在监狱里了。到了1967年，他每天必须吃一百多片药片才能满足。

一天早晨，当他从佐治亚州的一所监狱刑满出狱时，一位行政司法长官对他说："约翰尼·卡特，我今天要把你的钱和麻醉药都还给你，因为你比别人更明白你能充分自由地选择自己想干的事。看，这就是你的钱和药片，你现在就把这些药片扔掉吧，否则，你就去麻醉自己，毁灭自己，你选择吧！"

卡特选择了生活。他又一次对自己的能力作了肯定，深信自己能再次成功。他回到纳什维克，找到了他的私人医生。

医生不太相信他，认为他很难改掉吃麻醉药的坏毛病，医生告诉他：“戒掉毒瘾比找上帝还难。”卡特并没有被医生的话吓倒，他知道“上帝”就在他心中，他决心找到上帝，尽管这在别人看来几乎不可能。

他开始了他的第二次奋斗。他把自己锁在卧室闭门不出，一心一意要戒掉毒瘾，为此他忍受着巨大的痛苦，还常常做噩梦。后来，他在回忆起这段往事时说，他总是昏昏沉沉，好像身体里有许多玻璃在膨胀，突然一声爆响，只觉得全身布满了玻璃碎片。当时摆在他面前的，一边是麻醉药的引诱，另一边是他奋斗目标的召唤，结果他的信念占了上风。九个星期以后，他又恢复到原来的样子了，睡觉也不再做噩梦了。他努力地实现着自己的计划。几个月后，他终于重返舞台，再次引吭高歌。由于不停息地奋斗，他终于又一次成了超级歌星。

所以，只要你有了梦想，不管它是不是能够实现，将来成了回忆之后，你总能由其中再找出些许来品味。在梦想这个虚构的世界里，所有的一切都可以任由你摆布，都以自己希望发生的方式去想，说不定回味无穷之余还会激发你的潜能去实现它呢！

温馨提示：

一个人没有梦想，就无法实现任何理想，也不可能有所收获。人可以一无所有，但不能没有梦想。人没有梦想，生活就没有目标，没有了目标，也就没有了进取心，这样你的人生就会失去意义。

梦想会让心灵洁净

只有主动去改变潜意识，我们的生活才有可能发生变化，否则，我们只会继续那种我们以往一点一滴构筑起来的生活方式。

——（美）梅瑞德·曼恩

我们会有何种成就，到底取决于什么？答案乃是当初所做的决定。当我们做出决定的那一刻，命运也就注定了！可是，有许多人却因为自己平凡的背景，而不敢去梦想非凡的成就；因为自己学历的不足，而不敢立下宏伟大志；因为自己的无知，而不愿打开心扉，去追求更好的生活。可是，如果你不主动去打破生命的僵局，就无法改变你的人生。

有个钓者在岸边岩石上垂钓，有几名游客在欣赏海景之余，亦围观钓上岸的鱼。只见钓者竿子一扬，钓上了一条大鱼，约有三尺来长，落在岸上后，那条鱼仍腾跳不已。钓者冷静地用脚踩着大鱼，解下鱼嘴内的钓钩，顺手将鱼丢回海中。

围观的众人响起一阵惊呼，这么大的鱼还不能令他满意，足见钓鱼者的雄心之大。就在众人屏息以待之际，钓者鱼竿又是一扬，这次钓上的是一条两尺长的鱼，钓者仍是不多看一眼，解下鱼钩，便将这条鱼放回海里。

第三次钓者的鱼竿又再扬起，只见钓线末端钓着一条不到一尺长的小鱼。围观众人以为这条鱼也将和前两条大鱼一样，被放回大海。却不料钓者将鱼解下后，小心地放进自己的鱼篓中。游客中有人百思不得其解，遂问钓者为何舍大鱼而留小鱼。

钓者回答："喔，那是因为我家里最大的盘子，只不过有一尺长，太大的鱼钓回去，盘子也装不下……"

舍三尺长的大鱼而宁可取不到一尺长的小鱼，这是令人难以理解的取舍标准，而钓者的唯一理由，竟是因为家中的盘子太小，盛不下大鱼。

这个故事虽有些荒唐，但也正好说明了如果我们无法打破生命的僵局，我们就无法改变自己的人生。可是，在这里，我们便会有一个问题需要问你：是你改变世界还是世界改变你？如果你想改变你的世界，你就得有一个远大的梦想，因为梦想会让你的心灵洁净，会让你改变自己。如果你是正确的，你的世界也会是正确的。当你错了的时候，你的世界也就错了。只有做正确的事，而且是自己想做的事，你才能追求自己的人生梦想。但存在这样的一个问题：如果在你追求梦想的过程中，发现自己真正追求的是另一个梦想，那又该如何办呢？对于这个问题的出现，我们可以坦率地告诉你，一个梦想常常会引导出另一个梦想，你必须允许自己转变。我们都听说过某个人在某个领域内达到巅峰之后，继续在另一个似乎完全不相同的梦想上追求另一种成功境界。我觉得这样做非常好，如果每个人都有这种转变，就说明他已经在前一个梦想上有了好的成绩。而出现这种情况，总是由每个人的视觉转变而形成的。

我们知道，每个人都有两种视觉，一种是肉眼视觉，另一种就是心灵视觉。肉眼视觉向我们描述了周围的事物，透过眼睛，我们看到花草树木、兽鸟虫鱼、山川河流、日月星辰以及其他物质。而心灵视觉则不同于肉眼视觉，它使人们具有自己的独特性，我们看到的不是事物表面，而是付诸努力后所能得到的结果。心灵视觉是一种设定梦想的能力，它会为我们的未来构建图景——我们想要的家、我们希望建立的家庭关系、我们期望的收入、我们向往的旅行或到了一定时候应该获得的财富。肉眼视觉纯属物质性，看到的只是现实。心灵视觉则属于精神性，看到的是潜在的事物，心灵视觉体现的事物不是可见的。如何利用我们的心灵视觉设定梦想将决定着我们的成功(成就、影响、满足感)、财富(收入、资产、物质生活条件)以及幸福(尊重、欢乐、知足)等，这就是我们所梦想的。

但是，在现实生活中，我们用肉眼看到的事物都差不多。孩子们在小时候都能清晰地分辨外在事物，例如山水、人物、建筑、星辰等。可是人们的心灵视觉却截然不同，看不见的东西在人们心中形成的图像是不同的。还有就是大部分人眼中的未来都充满了困难。在工作上，他们眼中的一生只是从事着普通、收入中等的职业；在人际关系上，他们很少看到快乐，只看到问题，只感到烦闷；在家中，他们看到的也只是乏味、枯燥和一堆折磨人的难题。

另一方面，只占一小部分的成功梦想家眼中的未来则充满了挑战。他们认为工作是获得进步与丰厚报酬的道路。有创造力的人认为社会关系将会鼓励他们、促进他们，他们也能从中得到快乐。在家中，他们看到兴奋、冒险、幸福。他们选择憧憬美好的、有意义的生活。

由此可以看出，人生的成功与失败取决于如何利用我们的心灵视觉，要么用肉眼去看，要么用心灵去看。每个人都有力量把我们的生活演变为天堂或地狱，这完全取决于我们自己。认为生活是天堂的人就是胜利者，认为生活是地狱的人就是失败者。

潜能激发：不要错过那些更好的梦想

人的一生就像一趟旅行，沿途中有数不尽的坎坷泥泞，但也有看不完的美丽风景。如果我们的一颗心总是被失败和挫折所覆盖，总是被灰暗的风尘所遮掩，看不到前面的道路，就会干涸了心泉、黯淡了目光、失去了生机、丧失了斗志，我们的人生轨迹岂能美好？而如果我们能保持一种健康向上的心态，即使我们身处逆境、四面楚歌，也一定会有“山重水复疑无路，柳暗花明又一村”的那一天。

虽然，每个人的人生际遇不尽相同，但命运对每一个人都是公平的。只要我们能够给自己的梦想留一点空间，我们就能看到美丽的一面。因为窗外有土也有星，就看你能不能磨砺一颗坚强的心，一双智慧的眼，透过岁月的风尘寻觅到辉煌灿烂的星星。先不要说生活怎样对你，而是应该问一问：我们应该怎么样对待生活。为什么许多人在追求事业的初期曾经有过许多良好的条件，甚至曾一度成功过，可是到后来他们却销声匿迹了。原因何在呢？

出现这种情况，原因可能是多方面的，但是其中一个很重要的原因就是这些人缺乏信心和胆略，从而失去了事业上获取更大发展的机会。这些人在取得一点点成绩后，总是害怕稍有不慎就会把那些成绩葬送掉，因此变得优柔寡断，失去了进一步发展的机会。但广厦集团总裁楼忠福不是这样的人。

楼忠福出任东阳三建公司经理以后，经过两年时间的拼搏，他的公司在东阳市已算是独树一帜。但是，楼忠福的抱负远不止于此，他要将东阳三建的建筑大军拉出东阳，他要使东阳三建到更大的商场上去角逐、去获胜。

宁波是浙江省经济腾飞最快的城市之一，楼忠福的眼睛盯住了这块宝地，他相信在宁波发展建筑业会大有前途。

1987年5月，东阳三建进驻宁波。经过一段时间的艰苦创业，楼忠福终于在宁波获得了信誉，站稳了脚跟。

就这样，楼忠福获得了在外地创业的宝贵经验。之后，他的“胃口”越来越大，东阳一隅已经远远不能满足他了。杭州、上海、郑州、深圳以及广西的北海都成了楼忠福建筑大军的主战场。每到一个地方，东阳三建都把巧夺天工的杰作留在那里，他们换来的是经济效益的日新月异。

常言道：“见好就收。”这种人生哲学在有些情况下是有道理的，但就追求事业而言，它却更多的带有消极的意义。在追求事业上，唯有“得寸进尺”的人才能获得更大的成功。

在楼忠福的领导下，东阳三建公司转变为广厦集团，从在一个小地方盖盖平房到在全国各地建筑高楼大厦，从公司固定资产只有几十万元到拥有固定资产超过两亿。对于这样的成就，楼忠福也应该满足了，也该功成身退、不求有功、但求无过了，可是楼忠福的信心和胆略却不允许他这样做。在全国各地开辟了许多根据地之后，楼忠福像猎人一样又把他的目光盯向了国际市场。

胸怀大志的楼忠福有意把目光投向国际市场是在1986年。那一年，东阳三建首次输送百名建筑工人赴埃及参加当地工程建设。这只是一次小规模的尝试，打开的只是一扇窗户，但正是因为这小小的窗户，给了目光敏锐的楼忠福一个展望世界的机会。

尽管只是偶然的一瞥，但楼忠福已经看到了未来的希望。楼忠福在一次骨干会议上说："只要有条件，我们的脚手架，就应该搭到国外去。我们已经有这个能力了。我们不怕国内的竞争，也不怕国际的竞争。我们东阳有句老话，"胆大做将军"，我们在国外的市场面前，胆子也必须大。我们就是做将军的料！"

"言必行、行必果"是楼忠福的一贯作风。做出打入国际市场的决定以后，他就主动地寻找机会来实现它。后来他到埃及考察，继而将建筑大军开赴中东的约旦、科威特、也门等几个国家。1989年，广厦集团（原东阳三建）又开始在俄罗斯的海参崴承建工程，并且迅速扩展到其他城市。1993年，楼忠福代表广厦集团在美国的波士顿注册了一家公司，签订了在美国关岛修建一批豪华别墅的意向书……

广厦集团（原东阳三建）开始向跨国公司迈进，楼忠福依靠他"得寸进尺"的精神，不断拓展他的市场，他在不断前进中获得了巨大的成功。

所以，在你追求梦想的路上，你可能会无意中发现一个机会，突然间它就出现在你的面前，你接不接受呢？先评估它，就像你面临其他选择时所做的一样，这到底适不适合你，是不是你真心想要的，或只是路途上的一个阻碍。无论如何，你有权选择。正如你勇敢追求梦想一样，你应该坦然地面对一切，接受各种可能发生的挑战，不要错过更新、更好的梦想。

温馨提示：

有意义的生活总是带着梦想一起踏上征途。我们无法躲藏，也不能逃避，我们永远不能脱离这个梦想。梦想永远在那里，它是我们的生活重心，也是我们活力的源泉。

愿望不同于梦想

一个人没有梦想，就无法实现任何理想，也不可能有所获取。人可以一无所有，但不能没有梦想。人没有梦想，生活就没有目标，没有了目标，也就没有了进取心，这样你的人生就失去了希望。

——李伟

要想使自己成功，除了弄清自己成为成功者的才能外，最根本最重要的是毫无倦怠地持续工作。获得成功的人从自己的切身感受中发现，唯有梦想才能走向成功，而愿望只是一种期盼而已，它不能促你成功，因而成功者只相信自己的梦想。

杨某的愿望是能够在工作中获得提升，但是他从不主动额外加班，也不愿意帮助需要帮助的同事。他从不会有这样的想法："我们为何不试一试这样做？"结果杨某就不可能会成功，他所希望获得更多报酬的愿望也不会实现。赵小姐的愿望是成为自己所在的会计师事务所的合伙人之一。可是她挤不出时间到学校进修会计课程。当需要每天工作12至14小时时，她也不愿意主动留下。她从不会给顾客提出合理避税的办法。结果呢？赵小姐的愿望也永远不可能实现。罗某和索某的愿望是拥有属于自己的成功的企业。可是一到周末，他们俩首先想到的就是娱乐、聚会、旅行、聚餐等，诸如此类的事情占据了他们的时间。所以他们的愿望也永远只能是愿望。

还有一类人对生活的愿望就是："我希望有一栋别墅，房屋是白色圆柱所构成的两层楼建筑。四周的土地用篱笆围起来，说不定还有一两个鱼池，因为我们夫妇俩都喜欢钓鱼。我还要有一条长长的、弯曲的车道，两边树木林立。"

"但是一间房屋不见得是一个可爱的家。为了使我们不仅有个可以吃、住的地方，我还要尽量做些值得做的事，同朋友们一起聚会等等。"

"10年以后，我会有足够的金钱与能力供全家环游世界。这一点要在孩子结婚独立以前早日实现。如果没有时间的话，就分成四五次作短期旅行，每次都到不同的地区游览。当然，这些要看我的工作是不是很成功才能决定，所以要实现这些计划，必须加倍努力才行。"

然而，这类人满怀良好愿望的人却不肯努力工作，总是过着平淡的生活，结果他们还是没有实现其愿望。

从这些事例可以看出，人人都有愿望，但不一定能够实现。可是梦想家却会为自己的梦想付诸行动。我们下面就来看看远大老总张跃是如何每天为他的梦想而奋斗的。

远大老总张跃说自己一直有一个出人头地的理想，从幼儿园起到现在，一直没有泯灭过。

1984年，全国经商浪潮一浪高过一浪。郴州也有许多人利

用业余时间倒卖这个，推销那个，张跃决定干脆出来单单纯纯地赚钱。就这样，1984年10月，他从郴州中学美术教师的岗位上辞职了。

下海时，张跃根本没有经商的本钱，但在一个婚礼上他认识了一个人，通过他妻子，从银行贷到了5万元钱。于是下海后2个月，他就做成了一笔摩托车的生意，赚了1万多元。1985年3月，他又到银行贷了17万元，加上人家付给他的预付款，他的第二笔生意交易额达到40万元，这样，他又赚了6万块钱。那时物资短缺，找货源比较难，很多人都感叹生意难做，但张跃出手很顺，每次都能找到货源和资金，别人都信任他。

1985年10月，他觉得生意不创造财富，于是开了一家餐馆，这家餐馆按照他的说法“走的是专家模式”。餐馆内有69张桌子。此前，他去过广州白天鹅宾馆，对那种风格很感兴趣。他的餐馆厨师是从广州请来的，服务员都派到白天鹅去学习，服务员的服装和菜单等都做得非常雅致，服务员有60多个，加上厨师有90多名员工，其服务员工资比别处高4倍，什么都是高标准的。在餐馆中，张跃还叫同学画了很多油画，并摆放了钢琴，餐馆生意十分兴旺。

但由于管理不善，两个月后，餐馆内几套不锈钢餐具几乎都没有了。这样经营一年，亏了七、八万元，几乎把他以前的积累都赔光了。那一年的亏本生意给他上了一节重重的“培训”课。从此，以前相信别人什么事都做得比他好、奉行专家模式的张跃“反过来了”，变得事事都亲力亲为，因为他“相信别人不如我做得好”了。

后来他改行做装修，期间有赚有亏，到1988年正式进入工业制造业时，他才有3万元的启动资金。

张跃先是做无压锅炉，3年后改做燃油燃气空调，之所以选择直燃式空调这个行业，他说“这是一个必然”。到现在他还认为，如果面对多种选择，他还是会选择直燃式空调这个行业。因为他自称是一个贪图享受的人，冬天很冷，给家里取暖的念头驱动了他好几年，加之他弟弟是学热工的，于是他就近水楼台先得月。远大第一代产品的主设计师是他弟弟，后来的产品主设计师就成了张跃。现在他已经是直燃式空调设计方面的高手。

谈起它，张跃的眼睛就在发光：“到现在为止，我也没有发现哪样东西能像直燃机这样符合我的个性。它工程上的美感，它所带来的对生活的美化，它所带来的某种玄的东西、神奇的东西，它所表达出来的创新特征，都对我那样有吸引力。而且到现在全世界从事这个行业的企业还很少，只有十几家有一点规模的。它很独特，如果它是一个大路货的东西，根据我的性格，我是不会做的。如果它是一个市场前景比较小的东西，我也不会做的，这就是我必然选择它的原因。”

1992年，张氏兄弟在长沙创办了远大空调有限公司，同年成功开发我国第一台直燃式中央空调主机，1995年建成全球最大的直燃机生产线，1996年成为全球直燃机产销量最大及技术水平最高的企业。

在他的起步阶段，张跃对钱没有多大概念。“在只有七八条枪的时候，有时一年下来一想，我也赚了有100多万了，钱都到哪儿去了？看看自己开的发票，看看自己做的事吧，确实也应该赚了那么多钱，但剩下不多。”1993年，开始他突然对钱“敏感”了，因为摊子比较大了，有上百号人，每天早晨睁开眼睛就要花掉1万块钱。

从1995年开始，张跃觉得进入了他自认为“世界观成熟得比较快的阶段”，变得非常理性，他的企业管理制度也因此由不成熟走向成熟，包括管理，包括事业目标，非常清晰、非常理性。从1995年开始，张跃在财务上获得了真正自由，“我突然感觉到钱用不完了”。1996年他存了几个亿，最高峰时是1997年，他有6个亿存在银行里，“就放在那闲着，”张跃说，“那时反而有一点怪，有点‘守财奴’的感觉。”

张跃是我国最早拥有私人飞机并拿到飞行驾驶执照的人。他1997年买的那架公务飞机飞不到2000公里，1999年又买了一架1个亿左右的公务机。张跃是那种买什么东西都要追求更高品位的人，他信奉这样的观念：“做生意的人，如果钻到钱眼儿里是赚不到钱的，埋头做事很重要。一个极端算计的人可能会缩手缩脚，做事情没有远见，没有合作者，没有支持者。”

“如果把对结果的兴趣仅仅定位在赚取金钱上面，那么我觉得他最终是赚不到钱的。其实，过程最重要。对整个事业的过程你必须要有兴趣，乃至每时每刻你对你所做的事情都要有兴趣。广东有句老话：女人怕嫁错郎，男人怕入错行。这句话很封建，但还是有一定道理的。入错行不是说你不能干这一行，而是说你没有兴趣从事这项工作，没有这方面的天赋。所以，在创业选择方面，如果你对自己进行了全面的分析之后，找到了自己感兴趣的事情，那成功的基础就有了。所以，有决心很重要，但光有决心不够，如果兴趣不在这里，最终结果也不会好。”张跃说。

潜能激发：梦想未来

每个人都或许有过非常美丽的梦想，但到底有多少人实现了梦想呢？只是有很少一部分人将梦想变成了现实，而有的人只能永远与梦想相伴。

事实上，你完全可以挖掘生命中巨大的能量，激发你成功的梦想，因为梦想即力量。当你有足够强烈的梦想去改变你未来的命运时，所有的困难、挫折、阻挠都会给你让路，梦想有多大，舞台就会有多大，克服困难的勇气也就有多大，也就能战胜更大的阻挠。

我们不妨问一问自己：我们有了梦想，是否努力了？我们是否记住"行动是成功的开始"这句话了？

一根小小的树桩，一截细细的链子，就能够拴住一头千斤重的大象，这说起来是令人难以置信的。但事实就是这样。那些驯象人，在大象很小的时候，就用一条铁链将它绑在一根小木桩上，无论小象怎么挣扎都无法挣脱。小象渐渐地就习惯了不挣扎，直到长成了大象，虽然可以轻而易举地挣脱链子，但它不会再尝试了。

非洲有种大黄蜂，翅膀很小身体很大，它们看似普通却成为众多科学家们研究的对象。因为根据动力学原理的数据分析，它们的翅膀大小和体重的比例，应该是不可能飞起来的，但就因为它们不懂动力学，所以它们飞了起来。

动物如此，人又何尝不是呢？我们往往根据自己的经验去判断很多事情的结果，而轻视了自己的真实能力和环境的变化。实践是检验真理的唯一标准。我们每个人都曾有美好的愿望，但为什么很多的愿望像肥皂泡一样一个个地破灭了？举个例子来说，你就会明白。如果你是家具公司的营销员，有一把椅子市场价100元，如果让你600元卖掉，闪跃脑际的想法是什么？肯定想到的是不可能。但如果现在有一伙绑匪，将你生命中最珍爱的人，将你看得比自己生命还重要的人绑架了，让你在两小时之内把椅子600元卖掉，如果卖不掉，这些绑匪就要撕票，你会不会卖掉？我相信你不仅想卖掉，而是一定要卖掉，因为你的心头滋生出了一种强烈的欲望，一定要去做成这件事。

在我们的学习、生活和工作中，并没有卖椅子那样困难，为什么离成功总是那么的遥远，这取决你是否有火一样的激情投身于你最热切的事业中去，是否有强烈的欲望填充你的心灵深处；不再只是有美好的愿望去达成某件事，而是有强烈的欲望去做成功；此时你想的不只是成功，而是一定要成功。

马林果战役打响后，法国军队受到奥军强有力的抵抗，只剩招架之功，拿破仑精心筹划的胜利眼看就要成为泡影。

正在法军败退之际，拿破仑的将领德撒带着大队骑兵赶到，停在拿破仑站着的山坡附近。队伍中有一个小鼓手，他是德撒在巴黎街头收留的流浪儿，在埃及和奥国战役中一直在法军中作战。

当军队站住后，拿破仑朝小鼓手喊道：“击退兵鼓。”这个小孩却没有动。“小流浪者，击退兵鼓！”

孩子拿着鼓槌向前走几步，朗声说道：“啊，大人，我不知道怎么击退兵鼓，德撒从来没有教过我。但是我会击进军鼓，是的，我可以敲进军鼓，敲得让死人都能排起队来。我在金字塔那里敲过它，在泰泊河敲过它，在罗地桥敲过它啊，大人，在这里我也可以敲进军鼓吗？”

拿破仑无可奈何地转向德撒：“我们吃了败仗了，现在可怎么办呢？”“怎么办？打败他们！要赢得胜利还来得及。来，小鼓手，敲进军鼓，像在泰泊和罗地一样敲吧！”

不一会儿，队伍跟着小鼓手猛烈的鼓声，向奥军横扫而去。他们不惜流血牺牲，把敌人打得一退再退。德撒在敌人的第一排子弹中倒下了，但是队伍并没有动摇。当炮火消散时，人们看到小流浪儿走在队伍的最前面，笔直地前进，仍旧敲着激昂的进军鼓。他越过死人和伤员，越过营垒和战壕。他的脚步从容不迫，鼓声铿锵有力，他以自己勇敢无比的精神开辟了胜利的道路。

所以，在人生的战场上，我们要对自己的未来充满希望。如果你这样做了，你就会发现生活原来是如此多姿多彩。很多看来美好的事物，当你企求不着时总是羡慕得很，一旦如愿以偿却又常有不过如此的感觉。

生活就是这样，我们经常隔着一层面纱看世界，这层纱有可能是实质的，更有可能是无形的。一方面，因为不管是文字的过度形容也好，透过聚焦等摄影技巧也罢，我们透过别人构建出来的景象去看世界，总是会模糊了事物的真实面貌。另一方面，我们基于对现实环境的不满，也会产生移情作用，将自己所向往的境界融入我们的所见所闻，当然看不见事情的真相。而这一切都得在亲眼看见之后才能拨开云雾见青天。

温馨提示：

愿望具有悲观性和消极性，只是一种无意义的消遣，不需要付出努力和才智。但是梦想需要制订行动计划和获得结果。

为梦想而行动

人生是短促的，这句话应该促醒每一个人去进行一切他所想做的事。虽然勤勉不能保证一定成功，死亡可能挫折欣欣向荣的事业，但那些功业未遂的人，至少已有参加创业的光荣，即使他未获胜，却也算战斗过。

——（美）约翰逊

成功者和普通人的区别究竟在哪里呢？就在于他们是否带着梦想去行动。成功者在看待家庭、工作、健康和财富时，注重的并不是它们的现状或外表；他们总是拨开纷繁复杂的表面，看清事物的本质，然后沿着他们认为能够成功的方向去行动。在行动的过程中，即使他们是在做着一件极简单的事情，他们也会坚持不懈地做下去，在他们看来，这件事是多么的有意义，他们所做的是多么深远的事情。他们关注的是生活可能会变成什么样子，而不是现在是什么样子。他们看到的生活总是符合他们拥有的“我一定会成功”的大思想，他们坚持不懈地为生活付出应该付出的一切，然后生活果真发生了变化，变得越来越美好。

力帆集团总裁尹明善的闯劲是有目共睹的。1989年，尹明善是重庆最大的书商。可经过行业前景分析之后，他当即决定关闭书社。

放弃是如此的容易和迅速，以至于整整一仓库的书没有卖掉，拉到废品收购站时用了几大卡车。后来有人点评说：尹明善最大的本领就是拿得起放得下，做事超出别人的想象。

尹明善经过长期摸索，堂而皇之地办厂组装发动机，带动了重庆“摩托帮”浮出水面，随后号称重庆“第一大帮”。

所谓“摩托帮”，即一大批完全靠生产摩托车及其配件发财的老板们。20世纪90年代初，这个城市里的摩配老板，提起国内摩托车行业的老大“重庆嘉陵”和老二“重庆建设”，总要小心翼翼，诚惶诚恐，因为两大集团做个小动作，一些人就可能一夜致富，而另一些人就可能转瞬垮台。

尹明善的一位“摩托帮”朋友，经营着一家校办摩托车厂。有一次聊天他告诉尹明善，自己每个月需要几百台发动机，却要到河南去买，价格很高而且质量很差，本地的嘉陵、建设的发动机又买不到。朋友的表情刺激了尹明善的灵感，他对朋友说：“也许我能帮助你搞到更好的发动机。”

1992年，尹明善注册成立了轰达车辆配件研究所。可当时摩托车市场火暴得几乎变形，发动机市场的需求要多大有多大。就在这时，尹明善发现了一个当时重庆市场上几乎无人走过的捷径：他把建设集团维修部的发动机配件买过来，自己装配成发动机再转卖出去，成本仅1400元，而转卖价高达1998元。建设集团对此浑然不知。

开始时，尹明善今天去买这几种零件，明天去买另外几种零件……总之配件买齐，却不能让对方感到面临竞争。尹明善同时还知道，这样的日子长不了，一旦形成气候，建设集团肯定卡脖子。那么哪些配件可能被卡呢？当然是他们自己生产的部分。于是，尹明善他们从开始装发动机的第一天，就积极联系配套厂，设计自己需要的零配件。大概四个月后，几个关键零件被开发出来。建设集团一夜醒悟，下令一个零件也不许交给尹明善……然而，摇篮里的婴儿已能自己走路了。

这条从夹缝中挤出来的道路，七年后把他们送上了行业的顶峰。1993年以来，随着市场竞争的加剧，重庆摩托车行业重新洗牌，尹明善的力帆轰达集团以销售收入16亿的业绩，超过嘉陵、建设，成为重庆摩托车市场的龙头老大。

从尹明善的创富历程中，我们可以很清楚地发现：大胆尝试给了这先行者巨大的甜头，正是有了这不同凡响的胆略，他们才有了今天不同凡响的辉煌。

如果我们确定了自己的奋斗目标，就要毫不迟疑地踏上征途，如果犹豫的话，也许事情就会搁置几个星期、几个月，甚至永远，然后结局就像那些老人们说的一样：如果时光可以再来，他们会……这些被我们视为理所当然的事都是他们当年没能抓住的机会。

所以，别再犹豫了，如果想的事情既符合你的奋斗目标又不会伤害别人，那你为什么不去努力呢？毕竟每个人都有许许多多的梦想，实现梦想的企图心也很强；可就是一直都在原地踏步。他们总是不停地规划：下个月要去哪里，明年要做什么，但就是停留在计划阶段而已，一年，两年过去了，也不晓得要到何时才会实现。

如果愿意的话，每一天都可以是崭新的开始，你的机会就是现在，你的未来就是由现在创造的。

潜能激发：培养积极行动的观念

有的人相信幸运和机遇能决定他们的命运。他们认为财富、成功、好的生活就像掷骰子、玩幸运之轮或者是随便买彩票一样。如果你具备这样的想法，那就实在是太愚蠢了！毕竟买彩票赢得500万大奖的概率不超过百万分之一。喜欢买彩票的人认为只要投资几元就可以获得巨大财富，买彩票或赌博的人只想靠机会或运气得到钱财相当于白日做梦。

不过，白日做梦总比不做梦的人好，但做了梦的人不去行动，还不如不做梦的人。

有一个故事讲的是有个落魄不得志的年轻人，每隔两三天就到教堂祈祷，而且他的祷告词几乎每次都相同。

第一次到教堂时，他跪在圣坛前，虔诚地低语："上帝啊，请念在我多年来敬畏您的份上，让我中一次彩票吧！阿门。"

又过了几天，他再次出现在教堂，同样重复着相同的祷告。如此周而复始，不间断地祈求着。

到了最后一次，他跪着说道："我的上帝，为何您不聆听我的祷告呢？让我中彩票吧，只要一次，让我解决所有的困难，我愿终身侍奉您……”

就在这时，圣坛的上空发出一个神圣而庄严的声音：“我一直在聆听你的祷告。可是你总是嘴里说着，却不去行动，你想中彩，最起码你也该先去买一张彩票！”

心动不如行动，成功不会自己来敲门。我们如果要想成功，就要把希望放在明天，把计划放在今天，把行动放在现在，我们千万不要让现实限制了自己的能力。没有任何东西能像你心中的疑团一样能迅速地毁灭我们的行动。许多人之所以不会成功，就在于他们没有行动，所以他们就认为失败了，以至于表现出了沮丧低落的情绪，从而使周围的人们因此而对他们失去信心。

在行动的过程中，如果你总是看不起自己，认为自己没有能力，总是不断地贬低自己，那么你就得不到别人的尊重，因为人们通常不会费力去仔细思量一个自我评价太低的人。

到目前为止，很难见到一位自我评价很低的人干成过惊天动地的大事。在前面我们已经说过：一个人的成就绝不会超过他的期望。如果期望自己能成就大业，如果你强烈要求自己干一番大事，如果你对自己的工作有更大的抱负，那么，与自我贬低和对自己要求不高的人相比，你会获得更大的收获。

约翰博士最近接到一个国际长途电话。电话中一位陌生的年轻男子用英语吞吞吐吐地对他述说着：“我现在被一件无法解决的事困扰不已，那件事对我来说压力太大了，我绝对无法办到，绝对办不到……”他充满绝望的声音越说越小。

“你认为你是个正常健康的人吗？”约翰博士打断了他的

话。

“你是说我的精神是否正常吗？我还没有被人问过这种问题，不过我不认为我的脑子有任何问题。”

“很好！那么你有没有生病？或是感到身体不舒服？”

“一点也不！我还年轻力壮呢！”

“非常好！教育程度呢？”

“嗯！大学毕业，而且成绩很不错。”

“好！现在让我们来看你的状况吧！你身心都很正常，也受过高等教育，可是你对于自己所遇到的问题却无法完全应付，而宁愿用着微弱颤抖的声音，支付高昂的费用打越洋电话来此，这究竟是为了什么呢？”

“每当我一想到我所遇到的棘手问题，就好像被它压倒了，完全地压倒了，请想想看我被压在地上的惨状吧！此外，有一次我无意中在书架上发现你的书，把它拿下来看了一些。而且我知道纽约现在正是白天，所以才拨了电话，不到五分钟，我就和你通话了。”

“现在你所做的一切都属于积极的行动，可见你的实践力并不会输给别人。在拨电话时，你有没有问自己是否能打通这电话？也许他不在吧！就算接通了，又该说些什么呢？大概他会认为我有神经病吧！这时你并没有持着对自己怀疑的态度，健全的心理使你做出这一连串积极的行动，终于有了好的结果。”

“这才是真正的你。当初你一开口就说办不到，无法做，太困难……那不是真正的你。我的意思并不是说你遇到的问题不是问题，也许那真的是个困难重重的大问题，也许你已经尽力而为了。勇敢地面对问题吧！不管将来会发展到什么情形，你必须面对它。”

他的犹豫不决、彷徨不安的心理渐渐地消失了，终于他振作起来了。积极行动的力量，使他改变了消极逃避的态度。

“以后希望你常来信，让我知道你是如何将困难解决的。但请牢牢记住‘只要你认为能，就做得到’这句话，我会在大海的这一边为你祈祷的。”

从他以后的来信中，约翰很高兴地发现他有了很大的进步，至少他有了积极行动的新观念。

所以，成功不会自己来敲门，它只属于那些为了寻找它而不断行动的人。如果一个人有了宏伟的志向，却没有具体的行动，再好的志向也只能是空中楼阁。记住，成功不会从天上掉下来，有了理想和目标，还要去努力行动啊。

温馨提示：

没有行动的梦想只能是空想，只会空想的人不可能有成功的机会。只有将空想和行动结合起来，才能实现梦想。

心动更要行动

心动不如行动。如果你有什么样的梦想，就主动去实践吧，就主动去促成它的发生。我们无法指望别人来实现我们的愿望，也不能指望一切都已经成熟，然后轻松去摘取果实，永远不会有这样的事情发生，我们要彻底打消这样的念头。

——韩娜

古人云："自知者不怨人，知命者不怨天；怨人者穷，怨天者无志。"意思是说，有自知之明的人不抱怨别人，掌握自己命运的人不抱怨天；抱怨别人的人则穷途而不得志，抱怨上天的人就不会立志进取。在市场经济的大潮中，任何满腹牢骚、怨天尤人的举动都毫无意义，任何成功之道都不是怨出来的，而是创造出来的。

1958年，一个出生不足满月的男孩儿，被父母以50元的价格卖给一户牛姓人家。牛姓父亲的职业是养牛，从此，这个由养父和养母抚养的孩子便与牛结下了不解之缘。养父自家未生孩子，期望通过抱养来栽根立后，所以给这个苦命的孩子取名为“根生”。

牛根生从小尝尽世间冷暖。养父新中国成立前被抓过壮丁，有过一段从警经历，且在国民党逃离大陆前，阴差阳错，文档上给了他一个虚拟的头衔——警长；养母曾是国民党高官的姨太太。两个“特殊”人物，在那样特殊的社会背景下，牛根生的遭遇可想而知。解放战争期间，养母曾把自己的财产广为散发，一部分送了人，一部分是寄存在别人那里。二十世纪六十年代，由于生活困难，养母领着牛根生试图找回那些寄存的东西，人家不仅不承认，还把母子俩给轰了出去。

河东河西，人情冷暖，对牛根生的财富观产生了深远的影响。这个时候的牛根生初次体会到“财散人聚，财聚人散”的观念。回想年少往事，牛根生说：“母亲嘱咐的两句话让我终生难忘，一句是‘要想知道，打个颠倒’，另一句是‘吃亏是福，占便宜是祸’。我十几岁的时候，父母离开了我，我差点饿死、冻死。是共产党救了我。我对党的认识全是体会的，不是背会的。”牛根生复杂的经历也造就了他一生的优秀品质：容忍、刚强、独立、不屈不挠……

牛根生1978年继承父业，开始养牛。1983年进入伊利的前身——回民奶食品总厂。在伊利，他从一个洗瓶工开始干起，当过班组长、工段长、车间主任、分厂副厂长、分厂厂长，一直做到生产经营副总裁，牛根生在这个位置兢兢业业一干就是八年。1987年，工厂为新出的雪糕搞调研，牛根生拿给儿子尝。不料，儿子才咬一口，就将整支雪糕扔到了地上。他没有怪儿子，而是反思自己的产品：产品做不好，连自己的儿子都不理会，更何况消费者了。

从那时起，牛根生发誓要把伊利雪糕做成中国第一！为了做出品牌，他去求教一位非常著名的策划人。“三番五次登门拜访，但是人家一次又一次地推掉我。我跟策划人说，我虽然是卖冰棍的，但是我表哥非常了不起。他问：你表哥是谁？我说：卖汽水的可口可乐。卖冰棍的是卖汽水的孪生兄弟，既然可口可乐可以做品牌，卖冰棍的为什么就不能做品牌？”几年后，牛根生做到了：伊利雪糕风靡全国，销售额由1987年的15万元增长为1997年的7亿元，成为中国冰淇淋第一品牌。牛根生的区域销售额占到伊利总销售额的80%。1998年，牛根生突然被免职。有人称，这是一段充满个人恩怨同时夹杂着体制之痛的“草原公案”。

如今，已是蒙牛集团董事长的牛根生不愿多加评论这段往事，只是感慨：“我在伊利干了16年，我最好的年华，奉献给了伊利，在那里流过的泪、淌过的汗、洒过的血，比在蒙牛多得多！所以，要说感情，我对伊利的感情，实际上不比对蒙牛的少。”1998年，被免职的牛根生带着对企业的深厚感情和无限遗憾离开了伊利。

1999年，牛根生卖掉自己和妻子的股份，用100多万元注册了蒙牛。伊利传出话来，“一百万元能干什么！”牛根生对蒙牛的将来也不是有十分的把握。但是令牛根生出乎意料的是，郑俊怀的手下大将，包括液体奶的老总、冰淇淋的老总，纷纷弃大就小，跑到牛根生那边去了。这样先后“哗变”的，大概有三四百人。牛根生曾告诫他们：“你们不要弃明投暗。”但大家坚定地认为他不是“暗”而是“明”。这些忠诚的老部下演出了一幕“哀兵必胜”的悲壮剧。他们或者变卖自己的股份，或者借贷，有的甚至把自己留作养老的钱也倾囊而出……一位中层干部说，“可以说大家连买棺材的钱都拿出来了”。在大家的努力下，凑了一千多万元的“同心钱”。蒙牛终于成立了，然而面对如此信任他的老部下们，牛根生感到肩上的担子无比沉重。

蒙牛仅在诞生第一年，就遭受了6次由同行发动的致命打击。即使到了2003年，依然受到过有计划的新闻诽谤，被牛根生善意称作“竞争队友”的同行，却恶意地斥资600万元企图置蒙牛于死地。2004年也是个多事之秋，这一年，蒙牛先后遭受了新闻诽谤和来自犯罪分子的连环恐吓。身经百战的牛根生回首这些往事时置之一笑：“世上难产的东西有两种，一种是死胎，一种是巨婴。看来我们被逼成了后者。”九死一生的蒙牛集团没有倒下，以品牌和信誉赢得了消费者的青睐。有人说，蒙牛的成功是个奇迹。牛根生否认“奇迹”的说法，无论是从经验还是从能力上，蒙牛的成功的确令人叹为观止，却也是水到渠成的结果。

蒙牛成立，牛根生给自己两个定位：在产业链前端，他是

“种草养牛的工人，农民的儿子”，在产业链后端，他是“全体健康乳制品消费者的仆人”。牛根生心系农民，蒙牛集团一直将发展乳业看作是中国农民的一个“希望工程”。牛根生常说，“城市多喝一杯奶，农村致富一家人”。目前蒙牛集团创造的直接和间接工作岗位达几十万个，每年仅向养牛奶农发放的奶款，都高达数十亿元，蒙牛的崛起被认为是西部大开发以来最大的“造饭碗工程”。牛根生讲究“三民”，他说：“产品市场是亿万公民，资本市场是千万股民，原料市场是百万农民。”农民，是牛根生“三民情结”中最敏感的一结。

牛根生讲了这样一个故事：有一年，他去内蒙古巴盟的蒙牛分厂，途中下车买瓜，瓜农看过电视，认出他是老牛，连钱也不要了。瓜农说自从来了蒙牛，他们家怎么养了牛，怎么挣了钱，怎么盖了房……牛根生颇有感慨地说：“一个不认识的人，看见你就像看见自己的亲人，这让我特别感慨。让认识你的人受益，还不能算好；让不认识你的人也受益，那才是真好。”牛根生这种情系农民的想法真正地让地方农民富了起来，也带动了一方经济的发展。有资料显示，蒙牛创立以来，新增奶牛80多万头，产业链条辐射200多万农牧民。仅2004年，就收奶150万吨，发放奶款约30亿元，已成为中国乳界收奶量最大的农业产业化“第一龙头”。牛根生说：“发达国家和中国的农民，同在一个市场竞争，我们是他们的对手吗？中国最可怜的是农民。好多农牧民，连城市都没去过，怎么打市场呢？带领数百万农民闯市场，你就是他的市场，你的作为决定他的市场地位。”2004年6月，蒙牛集团在香港上市，不仅代表了蒙牛人的成功，也可以说是蒙牛集团“代表中国120万奶农走向国际市场。”牛根生终于能带领蒙牛人“拿国际股民的钱，办中国农民的事”了。

2005年1月12日，一个爆炸性消息在网上以惊人的速度传播：作为蒙牛最大的自然人股东，牛根生将自己不到10%的股份全部捐出，创立了保障蒙牛百年发展的“老牛专项基金”。据知情人士介绍，早在2003年圣诞节，牛根生便对当时负责蒙牛上市法律事务的律师表示，公司一旦上市，就将捐出个人全部股份设立专项基金。2004年6月上市后，正式开始办理相关法律手续。其间，家人几经商量，颇为慎重；中外律师三番五次往来返稿。2004年底，蒙牛事业发展促进会正式创立，“老牛专项基金”也随之设立。有人说，牛根生在“作秀”，而熟悉他的人都知道，牛根生信奉“财散人聚，财聚人散”的经营哲学已不是一朝一夕。牛根生总是将红利与大家分享，早在伊利任职期间，公司给他钱让他买一部好车，他却为他的部下每人买了辆面包车；他曾将自己的108万元年薪分给了大家。

创办蒙牛后，他每年的红利大半用作奖励员工和经销商……算起来，牛根生拿自己的钱奖励手下的员工也有十几个年头了。小奖几千几万，大奖几十万上百万。他领导的企业发展快，与“财散人聚，财聚人散”极有关系。如今，牛根生又捐出了自己全部的股份。这不仅是国内首位有此举动的企业家，也是全世界第一个捐出自己全部股份的华人企业家。对此，牛根生说：“从蒙牛创立那天起，我们就立志为子孙后代建立一个‘百年老店’，为国家民族打造一个世界品牌。可是，我和我的团队成员都活不了一百年。让蒙牛活到一百岁就需要建立一种推进机制。于是，就想到成立一个‘老牛专项基金’。主要用于褒奖对蒙牛集团做出突出贡献的人士或机构，在员工个人遭遇不幸或生活窘困时，也可向基金申请帮助。”捐赠程序完成后，牛根生表示：“金钱能使人生而复死，精神能使人死而复生。我们家庭成员四个人商量过，富贵不过三代，给后代留下有形资产不如留下无形资产……从无到有，再从有到无——任何人都少不了走这一步。在有生之年就看到自己从有到无，我看我比许多人都幸运。”对于留给后代的财富，牛根生说：“因为我的父亲什么也没有，所以，我靠自己的才智和能力才有了今天。如果我的父亲给我留下太多的东西，我可能就不这样奋斗、进取了。同样道理，我要给我的儿女留下怎样从无到有的本事，而不是留下钱财。我想留下的东西，是永久的、永续的。那才是真的东西。社会上虚假的东西不少。生不带来，死不带去，大家都背会了，但不少人没有体会到。我们国家的创新有可能超过西方发达国家。只有我们创新了，才有可能走到发达国家的前面。我总是想到社会的事，因为受社会主义国家的教育 ，总是从社会角度想。局部做好了，全局就是好的。从无到有，不容易；从有到无，特别是有组织、有准备地从有到无，更难，但这是最大的快乐。”

牛根生像一头默默耕耘的老黄牛。多年来，牛根生一直秉承他的人生哲学和财富观念，尽管“散财”之举众说纷纭，有人冷眼相看，有人拍手称赞，但牛根生依然在坚持走自己的路，在为蒙牛人、为农民、为社会劳作不息，耕耘不辍……

潜能激发：梦想让你更卓越

梦想越高，人生就越丰富，所取得的成就也就越大。梦想越低，人生的可塑性就越差。也就是常说的：“期望值越高，达成期望的可能性越大。”

广东南海的李兴浩用了20年的时间，一步步地把志高空调做成了中国最大的家用空调，他也成了空调供应商之一。

在这些年里，他遇到的困难和挫折不算少。是什么支撑他继续干下去的呢？他的恒心和毅力是从哪里来的呢？

李兴浩说：“这种恒心和毅力最早可能是小时候捡铜线的时候练就的。以前我们穷到什么地步？我们唯一可吃的就是菜萝卜，我们想要把萝卜用盐腌一下才可以吃得久一点，可是我们连盐都买不起，为了买盐我去捡铜线卖钱，捡小橘子卖，还自己编竹器卖。一斤铜线是几分钱，要捡很多才可以赚几分钱买一点盐。捡橘子，就是那种从枝头上落下来的小橘子，晒干了是药材，也是几分钱一斤，捡一大筐才可以买几两米。那么细的铜线，那么小的橘子，一点一点地去捡，没有恒心和毅力怎么行？”

最早李兴浩是务农的，但为了生计，他做过很多副业，鱼、菜、肉、木器等他都卖过。1982年他卖了一年冰棍。那种批发价3元钱100根的小买卖，他竟然赚了几百块钱。他的创业史就是从卖冰棍儿、布絮、小五金等极不起眼的行当开始的，这里面有着与儿时捡铜线相同的恒心。“企业之所以能一点一点地长大，都是由一点一点的工作堆积起来的，不持之以恒怎么行？遇到困难我就撒手不干了，那怎么行？那么多职工怎么办？我的雄心壮志怎么办？小时候捡铜线买盐是我自己的生计，现在做企业是为了更多人的生计。这些都是我的责任。另一个方面，我不服输！凭什么？这么一点小挫折就认输了？没道理！只要坚持下去就行了，我一定可以的！这些念头总是出现在我的脑海里。所以我从来不放弃，而且越和困难斗越觉得有兴致。”

李兴浩说：“现在的情况已经好多了，但还是会经常碰到困难的。以前那么大的困难我都克服了，怎么现在不可以了呢？如果我现在失败，一无所有，我还是照样可以东山再起，重新再造一个企业的。我开始卖冰棍的时候，年纪已经很大了。现在我再创业，我的能力，我的经验比那时强大多了，那时候都可以成功，现在还怕什么？我不怕，一定可以再成功。”

李兴浩认为，财富的观念也许是每个人与生俱来的。作为一个挨过穷的人，对财富的追求更加强烈。以前很穷的时候，对财富的追求只是为了生存，为了让家人不再挨饿，后来一步一步把企业做大，大家的生存不再是问题的时候，甚至已经过上了比较富裕的生活的时候，财富对他来说就有了更加深刻的意义。

“我是穷过的人，也是从穷中挣扎出来的人，我知道如果没有财富，就没有对这个社会的支配权，用通常的话来说就是在社会的最底层。而这个世界上，有很多人现在仍然在社会的最底层。如果有人来帮助他们，他们就能够摆脱目前的困境。我做大了一个企业，我的企业里有几千个人因此有了饭吃，有许多还因此而致富，我觉得这是我的责任。我卖冰棍，然后卖布絮，卖五金零件，开酒楼，然后做空调，这些事情之间看起来关联都不大，但是我是很自然地做过来了，因为每个工作都是我当时所可以做得最赚钱的事情。当我发现一个更赚钱的事情时，我就会毫不犹豫地转过去。但是现在我执著于做空调，因为我有了企业，应该说企业提升了我追求财富的方式。好好经营一个企业，把它不断地做大做强就可以得到更多的财富。所以我现在的理念是要做全世界最好的空调企业。但是我觉得财富从来不是我一个人的，志高空调也不是我一个人的。这些财富只不过是现在归我们使用，它是一种存在形式。这些财富是社会的，我要更加有效地使用这些财富，为社会创造更大的价值。”

李兴浩的成功，源于他有一个坚定的梦想和面对风险时的勇敢一步。这就是人们常说的：“一个人的梦想是与他的行动分不开的。”在实现梦想的过程中，如果你有了可以为之奋斗的人生目标，你就不要再担心别人对你的嘲笑，他们是不明白“燕雀安知鸿鹄之志哉？”的。不要再犹豫了，找回梦想，从今天就开始为梦想而行动吧！

温馨提示：

把你的梦想提升起来，它不应该退缩在一个不恰当的位置，接受梦想的牵引吧！一个梦想大的人，即使实际做起来没有达到最终目标，可他实际达到的目标却可能比梦想小的人最终目标还大。所以，梦想不妨大一点。

第二章
向着目标不断前行

目标会导引我们的一切想法，而我们的想法便决定了人生。设定目标有一个重要的原则，那就是它要有足够的难度，乍看之下似乎不易达到，它又得对自己有足够的吸引力，自己愿意全心全意地能够为此目标的实现去行动。当我们有了这个目标时，若再加上锲而不舍、持之以恒的行动，就可以说我们已经走在成功路上了。

坚定前行的方向

一个人追求的目标越高，他的才能就发展得越快，对社会就越有益，我确信这也是一个真理。这个真理是由我的全部生活经验，即是我观察、阅读、比较和深思熟虑过的一切确定下来的。

——（苏联）高尔基

成功人士有着他们不同的优点，但是，有坚定而明确的目标却又能投入行动必定是他们的共同特征。然而，我们在每天的生活中，都可能遇到对自己的人生和周围的世界不满意的人。你可知道，在这些对自己处境不满意的人中，有98%的人对心目中喜欢的世界没有一幅清晰的图画，他们没有改变生活的目标，更没有一个人生目的去鞭策自己。结果是，他们继续生活在一个他们无意改变的世界上。

拿破仑·希尔曾听一位医生讲到退休问题。这位医生对活到百岁以上的老人的共同特点做过大量研究，他叫听众思考一下这些人长寿有什么共同的因素，大多数听众以为这位医生会列举食物、运动、节制烟酒以及其他会影响健康的东西。然而，令听众惊讶的是，医生告诉他们，这些寿星在饮食和运动方面没有什么共同特点。他发现，他们的共同特点是对待未来的态度——他们都有明确的人生目标。

如果分析一下世界上的成功者，可以发现他们都有共同的特点，那就是他们都拥有人生的明确目标规划。为了完成这个目标，他们反复思考，努力实践，他们在积极地向自己的目标前进中，赢得了精彩的人生。一个人若想拥有成功，首先要先定义“成功”的界面，这个界面就是目标——一个明确的目标。它是所有行动的出发点。

著名的哈佛商学院，在对一群青年人的人生目标的跟踪调查中发现，3%有十分清晰的长远目标，25年后发现这些人成为社会各界的精英、行业领袖；10%有清晰但比较短期目标的人是各专业各领域事业有成的中产阶级；60%只有模糊目标的人胸无大志、事业平平；27%毫无目标的人则是生活于底层，入不敷出。

事实真如实验所测吗？我个人认为不会偏离得太大。我把自己归于10%与60%之间，属于60%中偏向10%的那一类。既未立长志，也不常立志，但对所立之志的负责态度不可少。

拿破仑·希尔曾经举了个真实的例子，说明一个人若看不到自己的目标，那会是怎样的结果。

1952年7月4日清晨，加利福尼亚海岸笼罩在一片浓雾之中。在海岸以西21英里的卡塔林纳岛上，一个34岁的妇女跳入太平洋中，开始向加州海岸游过去。要是成功了，她就是第一个游过这个海峡的妇女，这名妇女叫费罗伦丝·查德威克。在此之前，她是游过英吉利海峡的第一个妇女。

那天早晨，海水冻得她身体发麻，雾很大，她几乎看不见护送她的船。时间一小时一小时地过去，千千万万人在观看着电视，而她在一直不停地游。有几次，鲨鱼靠近了她，被人开枪吓跑。她仍然在游。在以往这类渡海游泳中她的最大问题不是疲劳，而是刺骨的水温。

15个小时后，她又累又冷。她知道自己不能再游了，就叫人拉她上船。她的母亲和教练在另一条船上，他们都告诉她海岸很近了，叫她不要放弃。但她朝加州海岸望去，除了茫茫大雾，什么也看不到。

又过了几十分钟，她叫道："实在游不动了。"人们把她拉上船。几个小时后，她渐渐暖和多了，这时却开始感到失败的打击，她不假思索地说："说实在的，我不是为自己找借口，如果当时我看见陆地，也许我能坚持下来"。

其实，她被拉上船的地点，离加州海岸只有半英里！后来她说，令她半途而废的不是疲劳，也不是寒冷，而是因为她在浓雾中看不到目标。这也是她一生中唯一一次没有坚持到底。

两个月后，她成功地游过了同一个海峡！她不但是第一个游过卡塔林纳海峡的女性，而且比男子的纪录还快两个小时。

查德威克虽然是一个游泳好手，但她也需要有清楚的目标，才能激发持久的动力，才能坚持到底。我们的学习同样需要有明确的目标，有了目标，你就能有更大的干劲，有更加持久的力量。

所以，拥有目标的好处在于，你知道自己的目标在哪儿，才能走上正确的轨道，奔向正确的方向，并拥有强大的动力；有了目标，即使在做一件最微不足道的事情，也都会有意义。在工作中，往往有员工没有目标，而使工作变得乏味，使生活也变得不再有意义。而有目标的人在工作中总是能够创造价值最大化，获得更长远的发展。有目标的人就会义无反顾地前进，他们不畏艰辛地追求自己的人生理想，尽管他们所追求的理想有时难以实现，但他们还是认为只要树立了目标，本身就有一种吸引力，让你不顾一切地去奔赴。

潜能激发：目标引导我们去行动

不管是在工作中还是在生活中，目标的设定都是最基本的要求。要是没有目标，你永远不晓得自己该往何处去。这就好比是物理实验中自由运动的粒子一样，如果不能在随机碰撞中巧遇到其他粒子，就只能一直不断地运动下去，当然起不了什么变化。生活要是没有了目标，就只能一成不变地吃、喝、拉、睡，没有什么变化可言。我们常说这种人如同行尸走肉，原因无他，生活没有努力的目标，当然就失去了方向，也就不能使潜藏在自身体内的能量爆发出来。

许多年前，某报作过300条鲸鱼突然死亡的报道。这些鲸鱼在追逐沙丁鱼时，不知不觉被困在了一个海湾里。弗里德里克·布朗·哈里斯这样说："这些小鱼把海上巨人引向死亡，鲸鱼因为追逐小利而暴死，为了微不足道的目标而空耗了自己的巨大力量。"

没有目标的人，就像故事中的那些鲸鱼，他们有巨大的力量与潜能，但他们把精力放在小事情上，而小事情使他们忘记了自己本应该做什么。说得明白一点就是，如果你要发挥自己的潜力，就必须全神贯注于自己有优势并且会有高回报的方面。

1873年，高尔基的父亲因霍乱突然去世了。当时高尔基只有5岁，他跟随母亲寄居到开染坊的外祖父家里，不久，母亲又离开了人世。那时，外祖父的家业濒临破产，实在无力供他继续上学。从此，10岁的高尔基走向了生活，自谋生计，历尽艰辛。

1884年，16岁的高尔基抱着上大学的愿望来到了喀山。但是现实很快使他明白：上大学——这不过是一个梦想罢了，对他敞开的只有贫民窟和码头的大门。于是，他奔波于伏尔加河两岸，备受沙皇统治下人间地狱的煎熬。他彷徨、苦闷。1887年，他多么想以自杀了结这苦难的一生；然而，一种顽强生存的信念终于把他从死亡边缘拉了回来。从那时起，高尔基觉得，如果要生活下去，总要有个奋斗目标。他怀着“想了解俄国”的愿望，开始了较长时期的艰苦生活。耳濡目染的丰富见闻及所获得的广博知识，不断地充实了他的心灵，使他愈来愈坚强。高尔基开始强烈地意识到，自己看不起自己，自甘潦倒，这比什么都可怕。高尔基对这段经历曾这样说过：“对生活的庸俗和残酷的恐惧，我是深深地体验过的，我曾经弄到想自杀的地步。后来，在许多年当中，只要一回忆起这种愚蠢行为，我就感到一种奇耻并藐视自己。”

若干年后的一天，高尔基幸遇了一位朋友，他讲起自己的流离生活，这位朋友被他的故事深深地打动了，便向他建议：“你为什么不把它写下来呢？这些故事不就是很好的文学作品吗？”

从此，高尔基就下决心开始写作了。1892年9月12日，他在地方报纸《高加索日报》上发表了他的第一个短篇小说《马卡尔·楚德拉》，虽然这只是小小的成功，但高尔基从此树立起了信心。这年秋天，他白天替人抄写，晚上自己写作和学习。在后来回忆这段生活时，高尔基说："我不断地、拼命地学习、读书，在我的生活中，开始真正地迷上了文学工作……我已经开始考虑，在我的生活中，除了文学以外，再也没有别的可干了。"从此高尔基追求着越来越高的目标，逐渐成为举世闻名的作家。

真正能实行自己目标的计划、达成发展期望并获致成功的人，也只有百分之五左右而已。你要对自己的目标进行有效的管理，把整体目标分解成一个个易记的目标，把你的目标想象成一个金字塔，塔顶就是你的人生目标，你定的目标和为达到目标而做的每一件事都必须指向你的人生目标。

金字塔由五层组成，最上的一层是最小、最核心的。这一层包含着你的人生总目标。下面每层是为实现上一层较大目标而要达到较小目标。

一天做一件事，一月做一件新事，一年做一件大事，一生做一件有意义的事。在你明白了自己的未来之梦、人生目标后，接着你就要着手制定实现这一伟大目标的一连串小目标。

心理学家所做的试验表明：太难或者是太容易完成的事情，都不具有挑战性，也不会激发行为者的热情。短期目标如果定得低于自己的实际水平，在实现目标的过程中就不能充分发挥自己的能力，也不具有激励价值。相反，如果短期目标高不可攀，使你无法制订一个切实可行的方案，不能在一年左右见成效，会挫伤你行为的积极性，起到消极作用。

因此，在你制定短期目标时，一定要根据自己的实际情况，比如个人的经验阅历、素质特色、现实环境的许可性等因素为依据，使你的短期目标既要高出自己的水平又要基本可行。制定短期目标的同时，要明确具体地规定实现该目标的时间限度，比如我要在半年内或一年内实现某一目标。

如果没有具体规定实现短期目标的时限，那就无异于没有目标了。失去目标的指导性和激励作用后，任何一个人难免精神涣散、松松垮垮，那么你对自己的人生定位也就只是一句空话。

相反，如果你对短期目标的完成，具有明确、具体的时限，也就是充分地了解自己在特定的时限内所要完成的特定任务，并反复地提醒自己，或者把目标及其时限写在纸上，贴到你每天都能看到的地方。你就会在自己的潜意识中产生一种尺度感，那就是我要在某一时刻之前完成某一任务。再加上目标本身的指导、激励作用，你就会集中精力，开动脑筋，调动潜力，为实现自己的目标而奋斗。

当然你所制定的目标并不是一成不变的，要以发展的眼光来看待。确定目标后，还需要随时检查、规划和执行。有时你需要在某些方面进行灵活处理，有时由于客观环境，或者现实情况，或者你的人生观等出现变化，你所确定的目标就要进行相应的变动。

温馨提示：

一个人想要过一个理想完满的人生，就必须有一个清晰、明确的人生目标。这个目标是属于你自己的，并且是你自己最想完成的事情。同时，只有你清楚了自己需要的是什么，你才能在未来有所收获。

向着既定目标前进

大多数人都在生活中随波逐流，漂流在100种不同的情况下，就会选择100种职业，却不明白自己到底要做什么。

——佚名

目标是我们行动的依据，没有目标，便无法成长。有了目标，内心的力量才会找到方向。茫无目标的漂荡终归会迷路，而你心中那一座无价的金矿，也因不开采而与平凡的尘土无异。有了目标，我们就不会像这个制作自己最新发明模型的发明家一样：他制作的模型有无数的飞轮、齿轮、滑轮和电灯，一按电钮，就动起来，而且灯会亮。有人问："这个机器干什么的？"发明家回答说："它不干什么，但是，你看这机器的运转不是挺优美吗？"说得更直白一点，没有目标就像你花了一堆时间在规划婚礼，却从没打算结婚一样，你所做的一切到头来都是一场空。还有些人更糟糕，就是误将短期的计划当作是目标规划。

事实上，成功非常的简单，只要你有自己明确的规划，你就能够走向成功。具体的做法是：

第一点：设定好目标，每月写下你的计划；

第二点：计划好每一天，应该每天晚上做好第二天的安排，并自我检查当天的计划实施情况；

第三点：持之以恒，即使处在人生的低谷或事业发展不顺时，也不要放弃。

如果你能做到这些，成功也就容易多了。

丁肇中是华裔美国现代物理学家。高中毕业以前，他最感兴趣的是历史，但到后来，他权衡了一下自己的知识结构，意识到自己如果在历史中去寻求真理，比在自然科学中寻求真理困难得多。于是，他断然放弃了自己最热爱的历史，而把兴趣转移到了物理学。20岁时，他带着仅有的100元，远涉重洋到美国密执安大学学习数学和物理学。在密执安大学攻读期间，他本可以投宿在父母的朋友家过舒适生活，但他没有这样。在3年多时间中，他一直和在旅途上相识的学友住在一起，刻苦读书，把全部精力都贯注于学业中去，终于在毕业时获得了奖学金，并被留在普林斯顿从事研究工作。后来，哥伦比亚大学的尼文斯实验室发布公开征聘助理研究员的消息，丁肇中认为，兴趣可以成为一个发挥智慧夺取成功的动力。他说："比如搞物理实验，因为我有兴趣，我可以两天两夜，甚至三天三夜待在实验室里，守在仪器旁。我急切地希望发现我所要探索的东西。"一次有人问他："这样刻苦攻读，你不觉得苦吗？"丁肇中笑着答道："不，不，不，一点也不，没有任何人强迫我这样做。正相反，我觉得很快乐，因为我有兴趣，我急于要探索物质世界的秘密。”他还说：“自然界的奥秘随时都在吸引着每一个有志于科学的人，谁都想走在时间的前面并有所发现。因此，搞实验科学，争取时间是很重要的。”正因为如此，丁肇中和里克特在同一天发现了Ψ粒子（现称J粒子）。如果他稍微放松了一下，就会落后于里奇特，就会与科学发现的优先权失之交臂了。1976年，丁肇中和里奇特因这一功绩共同获得了诺贝尔物理学奖。

因此，在选择自己的目标的时候，我们不仅要考虑自己的个人特质，还要考虑自己对自己的目标是不是感兴趣。毕竟没有目标的人或目标不断漂移的人生，亦如无舵之舟，无衔之马，在茫茫的人海中，漂荡奔逸，随波逐流，最终一事无成。

不管遇到多少险阻，绝不要轻易放弃你的目标，把阻挡在路上的绊脚石当作铺路石，继续向你的目标迈进。那么，一个人要如何才能做到这一点呢？答案就是要善良、正直、有责任心，悲天悯人，要有终生不变的高贵情感。

真正高贵的情感是什么？

杨卓舒说：“当你面对死亡，两个人必须死一个时，你能够毫不犹豫地把活的希望让给对方，又不求任何报答，良心告诉你必须选择死，这种情感就是高贵的，如果没有这种情感，有多少钱也称不上是高贵。没钱不等于下贱，做高官绝对不等于高贵。”

在中国，有钱下贱的人很多，做高官卑下的也大有人在！很穷困的人照样可以很高贵，这不是以自己的情感来决定的，而是由你给予别人和对社会的责任感来决定的。杨卓舒说："至今还能想起那件童年时印象最深刻的事情。那是和母亲饥寒交迫的时候，别人给了我一盘肉。当时我和母亲在一个饭店里，一个小伙子要了一盘肉，母亲担心我馋就拼命用身子挡住那盘肉，可是我还是忍不住去看。那个小伙子二话没说，就把那盘肉给了我。"

那个小伙子和杨卓舒素昧平生，茫茫人海，杨卓舒也不知道他是谁，但是杨卓舒永远记得这件事情。在河北，很多人都知道杨卓舒捐了不少钱，扶助过不少失学的孩子。这些年，大概捐了近6000万元，前不久，杨卓舒还给河北省维护社会治安见义勇为基金捐赠了50万元。

杨卓舒认为一个人活着必须要有激情！做事业，追求理想，无怨无悔地付出，都是因为心中燃烧着激情，激情就是热爱。现在我们回过头去想，一个人为什么能够成功？为什么能够在成功以后还能继续努力？就是因为激情，因为热爱。杨卓舒觉得曾经艰难的岁月，给他的最宝贵的财富就是一种高贵的情感，这种情感使他一直能够很投入地去做事做人，永不知疲倦。

到此时，你是否有这种感觉，当你历尽千辛万苦达到自己的目标时，突然间感觉到特别的空虚，仿佛这个世界上再也没有值得自己努力的东西了。

事实上，你不要等到达到一个目标之后再去制定一个新目标，而应该在心中时刻充满目标，完成一个目标，你就知道下一个目标是什么，继续前进的方向在哪里，而不仅仅以第一个目标为目的。毕竟人生最忌讳的，就是将自己扔在十字路口徘徊。一个人成功的重要素质便是对自己的定位要清楚，因为最了解你的人不是别人而是你自己，最知道你想干什么的人不是别人而是你自己。因此，制定目标，首先要了解自己。

潜能激发：先设定一个小目标

为什么有那么多的人始终不厌其烦地在谈人生规划？为什么总是有人抱怨人生毫无乐趣可言？这一切，都是目标惹的祸！

目标，一直是人类历史中每一项成就的起点。步骤永远一样：一个梦想成为目标，目标成为一项成就。要想把看不见的梦想变成看得见的事实，首先要做的事便是制定目标。目标会引导你的一切想法，而你的想法便决定了你的人生。

圣诞节时，保罗的哥哥送他一辆新车。圣诞节当天，保罗离开办公室时，一个男孩绕着那辆闪闪发亮的新车，十分赞叹地问："先生，这是你的车？"保罗点点头："这是我哥哥送给我的圣诞节礼物。"男孩满脸惊讶，支支吾吾地说："你是说这是你哥哥送的礼物，没花你一毛钱？我也好希望能……"

当然保罗以为他是希望能有个送他车子的哥哥，但那男孩所谈的却让保罗十分震撼。

"我也好希望自己能成为送车给弟弟的哥哥。"男孩继续说。保罗惊愕地看着那男孩，脱口而出地邀请他："你要不要坐我的车去兜风？"男孩兴高采烈地坐上车，绕了一小段路之后，那孩子眼中充满兴奋地说："先生，你能不能把车子开到我家门前？"

保罗微笑，他心想那男孩必定是要向邻居炫耀，让大家知道他坐了一部大车子回家。没想到保罗这次又猜错了。"你能不能把车子停在那两级阶梯前？"男孩要求。男孩跑上了阶梯，过了一会儿保罗听到他回来的声音，但动作似乎有些缓慢。原来他带着跛脚的弟弟出来，将他安置在台阶上，紧紧地抱着他，指着那辆新车。只听那男孩告诉弟弟："你看，这就是我刚才在楼上告诉你的那辆新车。这是保罗的哥哥送给他的哦！将来我也会送给你一辆像这样的车，到时候你便能去看看那些挂在窗口的圣诞节漂亮饰品了。"保罗走下车子，将跛脚男孩抱到车子的前座。满眼闪亮的大男孩也爬上车子，坐在弟弟的旁边。就这样他们三人开始一次令人难忘的假日兜风。

那一次的圣诞夜中，保罗才真正地体会到了耶稣所说的"施比受更有福"的道理。

当然，我在这里需要表达的意思是人生之旅是从选定方向开始的。就像这个小男孩那样为自己的人生已经确定了要给弟弟买一辆车的目标，这也为他将来的奋斗打下了坚实的基础。这就是说，没有方向的帆永远是逆风行驶，没有方向的人生不过是在绕圈子。就像一块浮木一样只能随波逐流，任水浮沉，没有一定方向的时候，只要一阵微风，就会把你吹得晕头转向。可是一个拥有地图和罗盘的舵手，就能掌稳他的舵，认清他的方向，有目的地前进。

1979年春节的前几天，当时刘永行还是四川彭州师专的一名学生，每月只有国家给的几十元津贴，但他已经是一个4岁孩子的父亲了。他的妻子阿星在老家四川新津县的幼儿园里当老师，每月的工资是30多块钱。那个春节他们只剩下两块钱，原来打算是买点素菜就过年的，但是儿子吵着要吃肉，妻子不忍心，就让他买了一只鹅。鹅是农民自己拿到县城里来卖的，很便宜，好坏也是肉食。

那个时候，他们住的是妻子单位分的平房。鹅刚买回家来的时候，刘永行把它放在院子中的水池里。4岁的儿子看鹅在水池里一个劲儿地直叫唤，就非要让爸爸放出来和它玩。刘永行依了他。可是小家伙玩了一会儿就把鹅给忘了，等大人再出来的时候，发现鹅不在了。

"于是我和妻子分头去找那只该死的鹅。可是哪里找得到！我们住的县城并不大，总共也只有一条街。走一遍也花不了半个小时，我们找了整整两个小时都没找到。" 刘永行说道。

回到家里，三个人都低头不作声。买鹅已经把他们仅有的两块钱花去了一块多，丢了总是心疼的。

"在丢了鹅以后，儿子就再不敢说过年吃肉的事儿了。其实我并不怪他，爱玩和想吃肉都是孩子的天性。可我连这一点要求都不能满足他，真的十分内疚。一个堂堂的大男人，儿子过年想吃点肉居然都没有办法，怎么说得过去呢？"

刘永行家隔壁住的是妻子阿星的好朋友任老师一家。任老师的爱人在县政府工作，平时两家很谈得来。阿星所在幼儿园的老师都知道刘永行会修电器，有什么电器坏了，就会有人在院子里叫，刘二哥，来帮个忙修一下什么什么哦。

刘家丢了鹅的事任老师当然知道了。吃过晚饭，她和爱人就到了刘家的房间里，对刘永行说："刘二哥，你咋不去摆个修理摊呢？这两天过年喽，街上赶场热闹得很，手艺人又都回家喽。前两天，我们单位有人说自己的收音机坏了也没人修。估计你要是摆个修理摊，生意肯定好得很。"

刘永行有点犹豫："修个收音机我倒没问题，但我现在是个学生，能不能摆这个摊哦？"

他们说："怕个啥子嘛，你是个学生，又当爸爸喽。没得钱过年，有手艺帮别人修无线电，自己也挣点钱过年，有啥子不好嘛？这不是你那个电视机上说的勤工俭学嘛。再说，你现在不知道，外面的政策好像已经变了，农民上街卖东西可多了，你怕啥？"

刘永行被他们说动了心，不仅是因为要过年，更重要的一方面也是因为明年家里的生活费实在是太紧，所以真的想试一试。当天晚上，他就把原来在街道厂里用的那些工具和原料都拿出来，还用一张白纸写了一大幅广告："修理无线电又快又好"。第二天，他的无线电修理摊就开张了。

四川的赶场实际上就是各地都有的集市。每隔几天，农民就会聚到街上来，把自留地的农产品卖掉，买些日用品回去。一到过年，赶场就十分热闹。新津县是个县城，四方的农民在过年前的几天都会到城里来，一方面这时候是农闲，农民都来凑个热闹；另一方面是过年了，他们要买年货回去过年，新津那条不大的街上挤得水泄不通。

阿星所在幼儿园就在这条街的北边，在幼儿园门口边上，刘永行把那张白纸贴在墙上，在地上支了几个凳子，铺上一块大木板，上面放上那些工具，就开张了。

“第一天就赚了10块钱。妻子阿星已经很高兴了，说：‘过年的钱有了，不要再干了。’不过我想，就是十块十块地赚也是好的。再干几天，开了学家里的日子会好过些。那个时候因为家里穷，虽然彭州离新津不远，我也是不经常回来的。在学校里挺担心阿星和儿子的生活，所以我想再干两天，就不用担心了。”

刘永行的第一份生意，就这样从一件小事开始了。而他的成功，正如一位评论家所说：“如果一个人没有人生目标，那么他就好比在黑暗中远征。”人生要有目标，一个时期的目标，一辈子的目标，一个阶段的目标，一个年度的目标，一个月份的目标，一个星期的目标，一天的目标……一个人所追求的目标越高，他就会进步得越快，对社会的发展就越有益。如果一个人有了崇高的人生目标，只要矢志不渝地努力，就会成为壮举。

温馨提示：

成功的要素有很多，如天赋、运气、机遇、才智和好的习惯等，但最重要的却是要靠行动来实现。行动方向的对与错，却要看你的目标是否正确。这也就是说，如果一个人有了前面的这些条件，却没有坚定的目标，也不会成功的。很多人到处随波逐流，沉浸在自己喜欢、却无力实现的幻想中。

永不放弃的决心

前途很远，也很暗。然而不要怕。不怕的人的前面才有路。

——鲁迅

有些人之所以一事无成，是因为他们缺少坚持不懈、永不放弃、永不言败的决心。正因为这些人缺少雄心勃勃、排除万难、迈向成功的动力，所以他们才一事无成。不管一个人拥有多么超群的能力，有多么聪明、谦逊、和善，如果他缺少迈向成功的发动机，终将难有成就。

成功人士中几乎没有谁能解释得清为什么自己会执著地追求事业，把全部的精力只集中于一点。好像有一股看不见的神秘力量在指引着他们，而所作所为不过是顺应内心深处的启示而已。

很小的时候，缪寿良便失去了父亲，从此他用稚嫩的肩膀挑起了家庭的重担。7岁那年，他随母亲从五华山搬到河源。在河源读书的时候，因为家里贫穷，没有钱买鞋，冬天还打着赤脚。

因为缪寿良失去父亲，又是从外地来的，所以本地小孩经常嘲笑他、打骂他、欺负他。缪寿良回忆当时的情景，“从家到学校要走4公里山路，有一次，一个疯子死掉了，被埋在路边。我和几十个同学结伴一起回去，走到半路，当地小孩就拦住了我，不让我走，说要等所有的小孩走了以后再让我回去。快到晚上，天也要黑了，走的又是山路，羊肠小道，很可怕，同学们都走了，只剩下我一个人。当时我性格也很硬，让那些小孩让开路，他们说不让，我就随手从地上捡起一块方砖，朝那个本地小孩的头上砸去。这是我第一次打人，而且把人家的头打出了血，那一年，我7岁。此后每一天，我都在抗争中度过，我不愿意忍气吞声，就只能跟别人打。我斗争了10年，一直打到16岁，终于宣布了自己是孩子王，再也没有谁能打得过我了。那时我一米七多的个头，力大无穷，能挑两三百斤的担子。”

每天早上，缪寿良都要从4公里以外挑柴到学校，中午休息的时候再把柴挑到4公里以外的街上去卖，然后赶紧跑步到学校上下午的课。卖一个中午的柴才挣几毛钱，买粮食买衣服买用的东西还远远不够，放学回家后还要种田喂牛。

18岁以前，缪寿良的人生满是灰暗的色彩，看不到一丝光亮。但苦难是最好的老师！缪寿良说：“这种强大压力下的生活，促使你将各种素质融为一体。既要有善良的一面，又要有顽强的一面，坚忍不拔，甚至视死如归。此外还要联盟、灵活、反应快。”

一次刻骨铭心的经历，彻底地改变了缪寿良的思想。18岁那年，缪寿良高中毕业，堂堂七尺男儿连养家糊口都做不到，这让缪寿良很不服气。于是他决定走出大山，到外面闯世界。当时除了挑柴卖木，其他也没有什么好做的。于是缪寿良就和一帮人上山砍树，想卖点钱。可没想到被说成是乱砍滥伐分子，要游行示众，上台挨万人批斗。“24个人当中，我是最幸运的，23个人已经上去了，就剩下我没上去，全因为当时有一个书记说了一句，‘这么年轻就不要上去了，教育后改了就好’。”他回忆时这样说道。

那一年，缪寿良站在天桥上痛苦地想，“要是今年我是81岁就好了，这辈子就过完了，就再也不用受苦了。”

但痛苦之后，不服输的性格还是占了上风，他咬牙坚持走下去。

在外面闯荡两个月后，回去正赶上冬修水利，缪寿良就风风火火地参加了水库的建设。

“当时，我想自己命那么苦，差一点就上万人台了，这下可要做一个积极分子喽，干活最积极，不怕苦不怕累，事事带头，别人挑两箩筐，我挑两箩筐外再加两簸箕，跑着干，一天干18个小时。那时我还写稿，写的稿子拿到广播站广播。当时我带了100多人，就给每个人都写了表扬稿，把大家的积极性调动起来。我记得当时一个叫何计胜的炊事员很勤奋，我就写了表扬稿表扬他，‘张张笑脸迎新人，盆盆饭菜香又清，每天五点起早身，我们的工友何计胜’。这篇稿子在广播台广播后，他非常高兴。那时，我每天都写一篇这样的稿件，很好地锻炼了自己。我还参加了艺术团，上台去打竹板，自己编自己唱，很引人注目的。”

后来，在一次抢险救灾中，缪寿良的英勇壮举得到了县委书记的赏识，他的事业也掀起了一个小小的高潮。当时水库决口，浑浊湍急的水流从破口处喷涌而出，如果不及时把缺口堵上，就会造成不可估量的损失，七、八条壮汉下去了，被越涨越高的水流连淹带呛地覆了回来，情况越发紧急！这时，缪寿良把衣服一甩，就跳进水里，用力将大袋沙包塞进去，岸上的人都吓得惊叫起来。缺口终于被堵住了，他的脚却被玻璃碎片割出了血口，缝了十几针。还没有麻醉药，医生拿针的手都在颤抖，他却不吭一声。

他的这次壮举真的是令县委书记对他另眼相看，县委书记极力栽培他。他先后当上了民兵营长、青年突击队队长，年年评先进都第一，还带队拿到了第一面红旗，可谓春风得意。

这样一来，缪寿良成了县里的英雄，积极的青年团员、党员都调到他身边让他带，带好以后安排工作。“前后一年多的时间，反差如此之大，从戴黑帽子变成了戴红帽子。一个人被逼得没路走了，就要爆发。”他对大家这样说道。

后来又因为一个偶然事件，缪寿良再次得到了领导的赏识，领导准备直接调他做县团委书记。

“当时我是一个药厂的副厂长，歌舞团到我们管理区慰问。当时我们厂长60多岁，平时一两百人的场合，要他上去讲没问题，但现在是几千人的场面，锣鼓喧天，领导都在台下坐着，他就没有胆子讲了，走到一半又退回来，不敢讲。县委书记就坐在我旁边，但是不可能让县委书记亲自上去主持啊，县委书记捅捅我让我上去。我事先一点准备都没有，可是我不怕。从座位上走到主席台有25步路左右，在这么短的距离里，我已经想好了该怎么讲。上台后我先鞠了一躬，然后介绍在座领导，接着说，‘今天晚上，歌舞团不辞劳苦来到我们管理区慰问，我代表各位领导和观众表示热烈的欢迎……’我讲了两分钟左右的时间，开好头结好尾，讲得非常成功。”

那是1975年，按照当时的情形，缪寿良在仕途上似乎前途不可限量。然而，生活又跟他开了个玩笑，他的生命轨迹不得不发生了转变。在正式上任县团委书记之前，必须经过一个“历史调查”，而缪寿良是从外县来的，属于历史不明的那一种人。

在那个前途悬而未决的时刻，缪寿良到广东省新成立的篮球队集训了1个月。集训期间，他在身体的超负荷运转中强迫自己做出了一个痛苦的决定：放弃已有的一切荣誉，跟母亲回老家五华县。因为他深深地意识到，在出身被看得很重的年代里，想在家乡以外的地方成就自己的事业谈何容易？既然自己已经得到了锻炼，不如回家乡去干事业。

回去后虽然第一次尝试做生意以失败告终，但缪寿良没有气馁。跌倒了再爬起来，生意终于越做越好，越做越得心应手。到1985年，缪寿良已经攒下了万贯家产，富甲一方。但他在悠闲的生活中觉得非常困扰，又在困扰中悟出了“干事甜、无聊者苦”的道理，于是毅然决定只带2000元钱和一辆面包车闯荡深圳。

苦难的历程教会了缪寿良做人的道理：“特殊环境下，你常常会身不由己。你再聪明，人家也看不起你，你得用成功证明自己。人必须有一个精神寄托，人是为了一个精神而活着的，否则就会茫然，就会倒下。”

当然，年轻人最大的绊脚石往往是有这种错误的想法：认为天才或成功是先天注定的。固然，一粒煮熟的种子即使在适宜环境下也不会发芽、生长。但是，只是因为成不了高大的橡树，只是因为自己不可能像橡树一样高直，就不相信自己的能力，就处在犹豫和彷徨中浑浑噩噩地度过一年又一年，那是非常荒唐可笑的。固然，橡树种子会成长为橡树，而不会成长为松树，这是十分自然的事。但世上被称为天才的人，肯定比实际上成就天才事业的人要多得多。但他们之间的差异就在于：前者在做事到一半的时候就放弃了自己的目标，而后者则是对自己的目标永不放弃，最后他们成功了。

潜能激发：目标原来是这样达到的

一个人有希望，再加上坚忍不拔的决心，加上持之以恒的努力，就能达到目的。一个人未来的一切都取决于他的人生目标。人生目标可以重塑一个人的性格，改变一个人的生活，也可以影响他的动机和行动方式，甚至决定命运。整个生活都是在人生目标的指引下进行的。如果思想苍白、格调低下，生活质量也就趋于低劣，反之，生活则多姿多彩，尽享人生乐趣。

从出生到1979年以前的41年时间，尹明善把它看成是自己的人生准备阶段。在这个阶段，尹明善的生活是非常恶劣的，但他一直没有放弃学习和自己的追求。在他看来，这个阶段就像太上老君把孙悟空放进炼丹炉里，本来想把他烧死，没想却反倒炼成了孙悟空的火眼金睛。“生活的磨炼增长了我的智慧，也提升了我的承受能力”。

尹明善是在1938年1月降生在这个世界上的。由于出生在一个地主家庭，所以自他记事起，幸福与快乐便没有在他幼小的心灵里留下什么记忆。“我是带着原罪降临人世的。”尹明善如是说。

1950年，在轰轰烈烈的土改运动中，12岁的尹明善和50多岁的小脚母亲，被指派到荒山野岭上一间当地农民都不住的破茅屋里，给一块薄地，几件锅碗，母子俩相依为命。

自己稚嫩的胳膊抡不动沉重的锄头，孱弱的母亲再勤劳也不足以让贫瘠的土地上长出丰盛的庄稼来！尹明善想到了“做生意”！他从一个好心人那里借了5角钱，步行到城里批发成针头线脑，再回到乡里挨家挨户地叫卖。别看针小，每次5角钱的针却能卖1块多钱，有好几角钱的利润。每次卖针赚得的钱，尹明善都在解决了买米买盐等基本生活问题后，存起来作“流动资本”。几个月的时间，他就拥有了好几块钱。

最神奇的是，通过卖针，尹明善居然无师自通地懂得了今天所说的资金调用和拆借：他当时是在乡下卖掉针，有了资金后再到城里进货。一位相识的卖鸡蛋的年轻人则是先在乡下拿钱收购鸡蛋，然后运到城里卖掉。尹明善就和卖鸡蛋的年轻人商量，给他讲“融资”的办法：两人的资金可以合在一起，我把乡下卖针得来的钱都交给你，这样你可以多收购些鸡蛋，到城里卖掉鸡蛋后，你再把钱交给我，我也可以多进些针头线脑……现在看来，这其实是非常成功的资本运作，当时，尹明善才12岁。

一年下来，尹明善居然赚到了当时对他来说可谓是天文数字的几十元钱。有了这笔钱可以安顿母亲，尹明善决定到重庆求学。

可他没有求学的钱。这时，他又想到了“做生意”。有一同乡，家境宽裕，但成绩极差，每天都要被私塾老师用竹板打手心，因此一双手几乎都是红肿的。尹明善就找到了这个同乡与他谈合作：你帮我出到重庆的船票钱和食宿费，我帮你考试。

20世纪50年代初，学校分三等，考试分三轮。中等专业学校第一轮考，公立中学第二轮考，私立学校第三轮考。第一轮，尹明善就用那位同乡的名字帮他考上了中专；第二轮，他自己则一举考上了公立中学，并因成绩优异而获得了助学金。

在学校里，尹明善感到命运女神终于向他露出了笑脸。一入课堂，他就像拥有了自己的天空和海洋一样，他成了这里出类拔萃的学生，成绩年年最优。全校师生既惊又喜地看着他“表演”，进校不久，他已经把地理课本倒背如流，高一上半学期便自修完高中阶段所有数学课程，下半学期学完大学数学的课程；高二就能解答出当时数学界的一些顶尖难题……

不仅成绩好，尹明善还是一个全才。他舞文弄墨，不时有文章见诸报端；他自学音乐作曲，写了不少曲子。18岁那年，他成为重庆一中女子篮球教练，率领球队为学校夺得了全市冠军。

直到今天，重庆一中一位老教师仍不无惋惜地说：“如果不是历史的错误，尹明善这样的学生一定会成为一名非常出色的科学家。”

中国古语用“三重门”来形容成长的艰辛。就在那时，命运之手又将尹明善推进了第二重磨难之门。1958年春天反右复查，正在读高三的尹明善因被揭发有“右派言论”而被一脚踢出学校；1961年升格为“反革命”，被发配到塑料厂监督劳动。从此20年牛鬼蛇神，朋友反目，恋人断交，进步年年无望，政治运动场场有份……

然而就是做牛鬼蛇神，尹明善也做得与众不同。

第一不同是，他学什么都特别快。比如当时学车工是三年出师，而尹明善只要一两个星期就可以带徒弟。原因很简单，上午厂里一宣布，下午他就到书店里找到有关车工的书籍，上班学下班学，理论加实践，几天就成了熟练工。

第二不同是，他的工作效率特别高。塑料厂生产塑料鞋，模具压出来的鞋要修毛病，当时平均每人每天修30多双，尹明善这个牛鬼蛇神却能修150双。其实说穿了并不稀奇，“工欲善其事，必先利其器”！他的做法就是先花时间设计和改进工具，工具改进了，效率自然就提高了。

第三不同是，牛鬼蛇神还要买钢琴，注重精神享受。当时正值江青提倡文艺要“革命化、大众化、民族化”，商店里所有西洋乐器一律一折出售。尹明善就半斤榨菜吃一个星期，每月从工资里省下10元。一年多，尹明善就拥有了一架钢琴。那段时间，尹明善每天弹钢琴唱歌吃榨菜，正所谓“叫花子唱山歌穷开心”。

“政治上有问题”的人大家都敬而远之，这让尹明善感到孤独，他把自己深深地埋在书本里。在那个让人平庸、让人消沉、让人看不到未来的年代，很多人被埋没得悄无声息，但尹明善却实实在在地看了20多年的书。

1979年，那阵风终于来了。1月4日，《人民日报》发评论员文章《完整地准确地理解党的知识分子政策》，使尹明善的命运再一次发生历史性的转折。他至今还清楚地记得，当时一位官员在宣布为其落实政策的消息时说："尹明善，你还年轻，你可以堂堂正正地做人了！"

那一天，尹明善从一本书里翻出一首诗，几近虔诚地把它抄在笔记本上："在青春的世界里，沙粒要变成珍珠，石头要变成黄金。"

时年，尹明善四十有一。也就在这时，他的人生目标反映了一个人苦苦追寻和魂牵梦萦的东西，也体现了一个人的风度和修养，也让我们看到了一个人在日常生活中表现出来的个性特征，会和自己希望的一样，一言一行都能反映出对生活的态度和打算。

温馨提示：

不管遇到多少麻烦，绝不要轻易放弃你的目标，把阻挡在路上的绊脚石当作铺路石，继续向你的目标迈进。记住那句老话："水滴石穿。"

集中精神向目标迈进

对一艘盲目航行的船来说，任何方向的风都是逆风。

——英国谚语

行动以前，请先想清楚自己要的究竟是什么。目标比幻想更贴近现实，因为它似乎易于实现。正如空气对于生命一样，目标对于成功也有绝对的必要。如果没有空气，没有人能够生存；如果没有目标，没有人能成功。没有目标，不可能发生任何事情，也不可能采取任何步骤。如果个人没有目标，就只能在人生的旅途上徘徊，永远到不了任何地方。所以对你想去的地方先要有个清楚的认识，只有这样，才能集中精神向自己制定的目标迈进。

还在爱迪生幼小的时候，他的头脑里就充满了各种大胆的设想，他还会执拗地去付诸行动。他一动不动地趴在鸡窝里，满心希望靠自己的体温孵出小鸡；他想弄清野蜂窝里的奥秘，就用树枝捅它，结果被野蜂蜇得连眼睛都睁不开。他看见气球飞起来，就想：要是人肚子里充了气，那可就精彩了，他弄到几种试剂，这些试剂在人肚子里会发生化学反应，产生大量的气泡，父亲的佣工迈克尔·奥茨不幸地成了他的实验品，奥茨吃了这些药没飞起来，反而差点昏死，小爱迪生认为这是奥茨不中用，不是他的失败。当他想了解火苗到底怎样生长时，父亲的仓库便化为了灰烬。当他耐心等待一个小伙伴从水里回来时，别人告诉他，那孩子已经淹死了。周围的人觉得只有傻瓜才会做这些事，小伙伴们唱这样的歌来侮辱他："阿尔，阿尔，奇怪的小孩，阿尔，阿尔，他是个呆子，我们再也不和阿尔玩了。"

他的童年是孤独的，而这更加深了他对世界的兴趣，他越发迷上了默默地观察和思考，问题越来越多，以至于要用本子写下来。他在学校里也不得宠，因为他过分专注于自己的思考而不专心听课，还把一些稀奇古怪的破烂带到教室里来。老师认为他是个迟钝的学生，甚至是个低能儿，要他母亲把这个妨碍别人的"笨蛋"领回家。他母亲愤怒地说："我认为阿尔比同年龄的大多数孩子聪明！"

事实证明她的看法是对的。多年后爱迪生的小学老师或许知道，被自己赶出校门的那个叫阿尔的"低能儿"是谁。回到家，小爱迪生对母亲发誓："我要做一番大事业，让说我低能的先生惭愧。"

他的动力来源于母亲的话——牛顿和瓦特在学校都不算优

秀的学生，他们没有灰心，最终成为杰出的人物。也来源于他的誓言——要成为牛顿和瓦特那样的人。当他泡在青年人协会浏览室里扫荡16000多部藏书时，还有一个小小的心愿："总有一天，我会拥有这样的图书馆和这么多藏书，它们只不过是我拥有的一家大型研究所的一部分。"事实上，他不仅拥有了自己的研究所和图书馆，也拥有了庞大的企业。他说："要成功，首先必须设定目标，然后集中精神向目标迈进。"

我们很有可能成为自己所期待的样子。如果我们总是期望更好、更高、更神圣的东西，并为此付出艰苦的努力，就一定会达到自己的目标。如果雄心能够主宰自己的全部思想和行动，雄心便很容易变为现实，所有的困难都将不是困难。

美国著名的石油大亨亨特，曾经在阿肯色州种棉花，结果一败涂地，后来却变成世界上最有钱的人之一。有人问到他成功的秘诀是什么，他说："想成功只需两件事：第一，看清楚你要的是什么，而大多数人却从来不知道要这么做；第二，要有必须为成功付出代价的决心，然后想办法付出这个代价。"

当你提出你的目标，并计划着如何实现它的时候，可以把每一个具体的目标看作是一条小溪，它们将会流向大河，也就是中期目标，并最终归于大海，也就是你的总目标。这些小小的溪流最终是流入大海，还是在中途枯竭，这完全取决于你的坚持。

亨利·福特说："所谓的障碍，就是你把眼光从目标移开时所见的丑恶东西。"

目标的不同也就有了不同的命运。也让我们看到，目标是工具，它赋予我们把握自己命运的方法；目标是方向，它把我们引向充满机会和希望之途。若能依循梦想的方向，满怀信心地前进，并竭力去过自己所憧憬的生活，便能获得出乎日常意料之外的成功……你若在空中造了楼阁，你的努力便不会迷失。楼阁原该在那里，现在只需在它们下面打基础。

潜能激发：认真思考自己的生活目标

丘吉尔曾经说过，当有人问他目标是什么时，他只用两个字来回答，而这两个字就是胜利，就是要不计一切代价取得胜利。不论路有多长，路有多艰险，也要取得胜利，因为没有胜利就没有生存，尤其是在现代社会中更要明白，目标缺乏是走向失败的开端。古罗马哲学家塞涅卡曾说过："有人活着没有任何目标，他们在世间行走，就像河中的一棵小草，他们不是行走，而是随波逐流。"

第二次世界大战期间，美国生产出一种带有自动跟踪装置的鱼雷。这是一种强有力的破坏性武器。当时，美国正处在生死存亡的关头，所以这种鱼雷给美军带来了希望。这种鱼雷的最大特点在于，在对准目标发射后，它会随时追踪瞄准，如果目标移动或改变方向，鱼雷也跟着改变。有趣的是，这种鱼雷是模仿人脑制造的，这就是说，在你的头脑中也有一些东西能使你对准目标，即使目标移动，你也能改变前进的方向，最终到达。

事实上，只要你一直拥有追求生活的目标，你就可以活得更精彩。同样，只要你拥有成功的目标，成功也绝不会辜负你的。

这是五十多年前发生在大西洋上的一件事。詹姆士号海轮已经连续航行了十几天，再需半天时间，就将到达目的地。

大副杰克逊也乐滋滋的，马上就可以见到妻子和儿子了。想到这里，杰克逊兴奋地捧起挂在胸前的水壶，“咕咚”“咕咚”喝了两口。他又摸了摸上衣口袋里带给儿子的礼物……

就在这时，却发生了谁都不想看到的事情。船舱里冒出股股浓烟！惊慌失措的乘客们从船舱里涌向甲板。更糟糕的是，海面上刮起了大风，汹涌的波涛将“詹姆士”号摇来晃去。

乘客们绝望地四处逃去，有的“扑通”“扑通”跳入水中，有的人被巨浪席卷而去。

杰克逊跑到船舷旁，解开一只救生艇，从水里救出六个人。而“詹姆士”号则升起了一团冲天的火球，随即爆发出一声震耳欲聋的巨响……

救生艇被海浪猛然地推搡着，七个人死死地抓住了救生艇，任凭它摇晃、飘荡。直到第二天下午，海面上才渐渐风平浪静。七个幸存者极目四望，海天茫茫，他们不知在何方。

杰克逊知道，现在还没有脱险，他们面临着更大的危险，不知道什么时候才能被人救起。而他们已经没有食物和淡水了。

现在他们剩下的唯一淡水就是杰克逊胸前的水壶中存储的。而人有七个，在这个茫茫大海中，还不知道要熬多久。杰克逊看了看胸前的水壶，然后小心翼翼地摇了摇，尔后他对大家说：“给我们生命构成最大威胁的不是没有食物，而是没有水。这里只有一壶淡水，它是我们生命的最终保障，是救命的水，我们只有到生理极限的时候，才能动它。”杰克逊一边说着，还一边从腰间掏出一把左轮手枪，继续说道：“也许，我们马上就会口干舌燥，我们都会打这壶水的主意。”杰克逊讲到这里，看了看身边的其他人然后又接着说：“但女士们、先生们要明白，还远远没到我们的生理极限，不到万不得已的时候，谁要敢动这壶水，我会毙了他！”

救生艇继续在海面上漫无目的地随波逐流。第三天早上，太阳一出来就非常的火热，烤得人的脸与身上火辣辣的，中午的时候，大家就好像被烤熟了一样。爱丽斯夫人突然晕厥过去，大家摇晃着呼唤她，爱丽斯干裂的嘴唇一张一合，发出低低的声音“水……水……”

杰克逊搂着爱丽斯的脖颈，贴近她的耳边轻声地说：“夫人，现在还不是最危险的时候，你还不能动这壶‘救命水’，我相信你现在还能顶得住。”

一旁的道格拉斯大叫道：“什么？这还没到时候？你是不是想渴死爱丽斯啊？”说着，道格拉斯就来抢壶。

杰克逊迅速放下爱丽斯，从口袋里掏出手枪来，大喝道：“别动！你敢过来，我就一枪打死你！”

道格拉斯被黑洞洞的枪镇住了，只能不再言语。而爱丽斯时而昏过去，时而醒过来。她醒过来的唯一一句话就是：“水……水……”但这丝毫没有打动杰克逊，他握着手枪，护着水壶，也只说一句话：“爱丽斯，再坚持，到需要的时候，我会喂你水的。”

就这样，大家依然漂浮在水面上，大家依然在等待着生命奇迹的出现，大家依然在熬着。

第四天来临了，海面风平浪静，但太阳越发来劲。爱丽斯已发不出声音，偶尔张合着乌紫干裂的嘴唇，可杰克逊依然不为所动。

第五天来临了。大家浑身瘫软得像一堆稀泥。

第六个清晨来临了，杰克逊依然在说：“我们都没到最需要的时候，我们还可以坚持。”

中午的时候，所有的人都倒下了，他们像将渴死的鱼一般，无力地张翕着嘴。杰克逊也一样，没了动弹的力气。

就在夜幕降临时，远处突然传来了汽笛声。接着，两道刺目的灯光射到救生艇上，救援的海轮终于发现了他们。

仿佛有一股力量注入大家的体内，他们终于发出微弱的声音：“救……”杰克逊嘀咕了一声“上帝啊！”就头一歪昏厥过去。

救生艇上的人得救了。

道格拉斯，众人中最强壮的拳击手，哆嗦着爬到杰克逊跟前，拽过那只水壶，他想灌个痛快。但他感觉水壶太轻，好像没有水。道格拉斯摇晃着水壶，仍没听见壶里有什么动静。他拧开水壶盖儿，将水壶口朝下，还是没有一滴水……

杰克逊醒来时，发现他们都躺在医院里，道格拉斯正望着他。杰克逊朝道格拉斯点点头，道格拉斯还以友好的一笑说：

“大副先生，你是否知道，你守着的那个水壶里根本没有一滴水。”杰克逊笑着说：“我早就知道里面没有水，但是我给你们虚构了一个希望。只要有了这个希望，你们就会不断地对自己说：我总会喝到那壶水的，我能坚持住。”

“你们自始至终都没有喝到水，但你们的心灵被水滋润了。如果你们知道水壶没有水，你们会觉得没了生存的希望，你们就会被绝望打败，放弃生的意志，生命也会在心死亡后消失。”

所以，一个人的行为跟他的思想观念有绝对的关系。如果你觉得身体很重要，那么，你会为自己订立一些健康的目标，并开始做一些促进健康的事情；如果你觉得财富很重要，那么，你会想办法努力工作，投资经营，以便赚取更多的钱，让自己尽快致富；如果你觉得朋友很重要，那么，你会扩大交际圈，结识更多志同道合的朋友，当你面临抉择时，通常你也愿意向朋友倾诉，希望得到指点和帮助。

所以，要真正改变一个人的行动，就必须改变他的价值观，改变他的信念。只有这样，它才能转化为一种推动自己前进的勇气和力量。

温馨提示：

一个人想要获取成功，首先要定义“成功”的界面，这个界面就是目标——一个明确的目标。因为一个明确的目标是所有行动的出发点。

确定自己的清晰目标

支配战士行动的是信仰。他能够忍受一切艰难、痛苦，而达到他所选定的目标。

——巴金

在我们的工作与生活中，我们的生活必须由我们自己去创造，我们自己所需要的水必须自己挑，我们生命中的主要目标由我们来制定，把目标变为现实是我们自己的事情，别人是代替不了的。

那么，我们如何才能把目标变为现实呢？事实上，目标和我们工作的重点一样，也是有主次之分的。用驾车做比喻，当你进了车子，发动引擎，却不去动方向盘，怎么可能到达目的地呢？你猛踩油门却不碰方向盘，车子当然还是会走，它也会带你到某个地方去，但却不一定会到达你想去的地方。因为，几乎可以百分之百肯定的是，要不了几分钟，你就撞车了，这就是说，方向盘是你开车的一个主要目标，其他功能是对方向盘的辅助。同样地，为了在工作中迅速达成你的主要目标，你所能使用的方式方法都应该是和主要目标有密切关系的；而那些次要的方面则往往对整个事件的发展起辅助作用。

我们看看那些不成功者，他们在工作中就是常常混淆了工作本身与工作成果。他们以为大量的工作，尤其是艰苦的工作，就一定会带来成功。他们就忘记了任何活动本身并不能保证成功，且不一定是有用的，要一项活动有意义，就一定要朝着一个明确目标前进。也就是说，成功的尺度不是做了多少工作，而是产生了多少成果。

关于这个概念，最好的例子是法国博物学家让·亨利·法布尔所做的一项研究的成果。他研究的是巡游毛虫。这些毛虫在树上排成长长的队伍前进，由一条虫带头，其余跟着，法布尔把一组毛虫放在一个大花盆的边上，使他们首尾相接，排成一个圆形。这些毛虫开始行动了，像一个长长的游行队伍，没有头，也没有尾。法布尔在毛虫队伍旁边摆了一些食物，但这些毛虫要想吃到食物就必须解散队伍，不再一条接一条地前进。

法布尔预料，毛虫很快会厌倦这种毫无用处的爬行，而转向食物，可是毛毛虫没有这样做。出于纯粹的本能，毛虫沿着花盆边一直以同样的速度走了7天7夜。它们一直会走到饿死为止。

这些毛虫遵守着它们的本能、习惯、传统、先例、过去的经验、惯例，或者随便你叫它什么好了。它们干活很卖力，但毫无成果。许多不成功者就跟这些毛虫差不多，他们自以为忙碌就是成就，干活本身就是成功。

目标有助于我们避免这种情况发生。如果你制定了目标，又定期检查工作进度，你自然就把重点从工作本身转移到工作成果，单单用工作来填满每一天，这看来再也不能接受了。做出足够的成果来实现目标，这才是衡量成绩大小的正确方法。当你的眼睛看着目标，达到目标的机会在变大，同时不要忘记，时刻寻找重点问题，并找到前进的方向。

美国总统肯尼迪就是一个一直瞄准目标前进并且时刻注意解决重点问题的人。

在1960年的总统预选中，新闻界的权威评论家都认为肯尼迪是一个副总统候选人，然而肯尼迪却断然拒绝接受副总统候选人的提名，因为他的目标是竞选总统而不是副总统，所以他毫不犹豫地把自己定为总统候选人。在竞选演说中，他以充满自信的激情向听众呼吁："全人类都在等待着我们的决定。全世界都在期待着，想看看我们如何行动。我们不能辜负他们的信任。我们不能不去尝试一下……请你们伸出手来帮助我，请你们发表意见并投我的票。"

当时，共和党推出了任副总统的尼克松为总统候选人，驻联合国大使洛奇为副总统候选人。他们控制着行政部门，掌握着用人、宣传和分配公款等权力，并且得到捐款人的较多一部分捐款。在职总统艾森豪威尔的威望也成了他们一笔不容忽视的财富。人们对8年来国家的和平和繁荣感到满足，继续支持一个由共和党人组成的政府是很自然的事情。另外，尼克松头脑冷静、思维敏捷、口齿伶俐，具有广泛的竞选经验和丰富的电视演说知识，在全国人民中间的知名度要比肯尼迪高得多。

肯尼迪冷静地分析了对手以后，立即调动自己的竞选班子，全力以赴开始了竞选。他们知道怎样最有效地运用各种现代化工具，通过诸如空中旅行、电视、先遣员、智囊团、民意测验等方法去唤起群众和号召群众。

在与尼克松进行电视竞选辩论时，肯尼迪显得更加年轻有朝气，冷静而自然，笑容可掬，侃侃而谈。当竞选的最后阶段越来越近时，肯尼迪也显得越发沉着和自信，演说也更奔放、更协调、更幽默。

靠着一定要做总统的斗志，肯尼迪发表了许多高水平的演说，最终，他以49.9%对49.6%的选票优势，当选为美国历任以来最年轻的总统。

在清晰的目标指引下，肯尼迪凭借着不懈地努力，终于等来了他获胜的喜讯，把目标变为了现实。

可见，不管我们是要寻找一份更好的工作，还是要努力赚取更多的利润，或者渴望维持永久与快乐的婚姻，只要心中有一个具体目标，并找到达到目标的重点和方向，终能走出低谷，成功实现愿望。

潜能激发：计划好你的每一天

当你定出了所要追求的目标，同时也给这些目标找到了必须实现的充分理由后，事实上要达到目标的整个行动便开始展开，你的资源锁定系统会按照你的目标及理由，主动地找寻能使目标实现的各种资源。要确保所定的目标能够达成，你必须预先调整自己的神经系统，确信这些目标能带给你快乐，也就是说你一天至少得两次审视这些目标，充分体验当它们达成时的快乐。在做这些事时你得完全运用视、听、触等感觉，让自己完全沉醉在目标实现的美梦里。

当你不断地把意志投射在这种情境之中，你的脑子便会形成一条神经渠道，把你的现况和期待的未来串在一起，让你对目标的达成有强烈的把握，进而使你拿出有效且成功的行动。所以不要坐在那里空耗时间，现在就开始行动起来吧！

大连华丰企业集团是任运良和他的夫人共同创建和发展起来的集科、工、贸、旅游、体育为一体的大型跨企业集团。集团现有19个企业，包括金石高尔夫俱乐部、大连高尔夫大酒店、金石房地产开发公司、马得利房地产开发公司、华迅特种装备公司、香港中安置业、华利国际环保工程公司、美国任世兰国际公司等。其中独资和合资企业17个，境外注册企业2个，总资产29亿元人民币。

可谁能想到如此庞大的财富帝国是从最初的3辆大卡车发展起来的呢！1982年，任运良用父亲落实政策的6万元买了卡车开始跑运输。

创业总是艰苦的。

“你看我，现在早上必须先喝水，然后才能吃饭。这就是我21年前创业时落下的疾病。我跑运输的时候，早晨一两点钟起床。有人说，周扒皮比长工辛苦，起码得早起1个小时扒拉鸡窝。这当然是一个笑谈，但我的自身体会真的就是这样。养车跑运输那3年，我那么早起来得干什么呢？发动卡车、烧水，司机来了好走，另外，早上常吃不上饭，我的胃就饿出了病，现在早上一吃饭，非要疼上5分钟。如果先吃米饭，疼得不得了，就得先用水冲胃，然后才能吃米饭。我现在不吃饺子，跑车的时候吃伤了。为什么呢？吃饺子最省劲。半路上，找一家小饭馆，下一锅饺子，连菜带饭都有了，吃完了马上就走。”

“创业是很艰苦的。最苦的是打工时的我们，最富有的正好反过来，是一起创业的工作者。有人说：‘你现在很好。’没错，但是内心的苦衷是很多的。冒着生命危险，才有了今天，我吃的苦不少，你看看我手上的伤啊，这都是做木匠的时候砍的。”

但实际上，这段经历还不是任运良人生中最艰苦的日子。他早年做过木匠，筛过沙子。

“我的第一个工作是做木匠。那时我23岁，虽然是文革末期了，但我们丹东地区仍然闹得很凶。我当时刚刚被解放，是作为被监控、被改造的对象当木工去的，能不去吗？那里人少，好管好看，上边是出于这个想法。那个厂叫丹东市浪头机械厂。但是，我的运气很好。我23岁进去，27岁就彻底好了。因为在改造期间我非常积极努力，27岁的下半年，我做了那个木工厂的副厂长。

可能我生来受家庭影响，受我妈和我爹的细胞遗传。当了6个月厂长以后，我就搞承包、搞计件、搞奖金，这一下子又把我打倒了。我现在还想不通，这可是个笑话。不过，我当时怎么能想到搞承包、搞计件、搞奖金呢？我小小年龄怎么能感觉到呢？

我那时每月挣32元钱，学徒每月才挣19.5元。但是，我搞改革给他们加多少钱？我当了半年副厂长，工人就造反了，满墙大字报，把我打倒了。党委对我还不错，我做了检查，把我调到了毛泽东题字的518厂（制造出中国第一台拖拉机的工厂，现在与丹东黄海合并了）。

那时候，邓小平还没出来。我在谈话中就有反动言论，说'邓小平能出来工作'，这下完蛋了，'反击右倾翻案风'又把我干倒了。

到了518厂半年后，我又好了。'反击右倾翻案风'没了，翻翻我的历史还不错，不管如何，我当年当了半年副厂长。现任厂长起用了我，做采购员，我就有时间了。那时我就想学习，在东北财经大学搞了个函授文凭。"

说起这些来，任运良打开了话匣子。没有早年的刻苦、勤奋，哪有今天的成功，在艰苦的环境中，任运良积累了企业家的物质财富和精神财富。而今，任运良已经在8个国家投资。他说："中国人开始走向世界，作为一个民营企业，这相当不容易。"企业家永不满足的事业心使他一直保持着最初勤奋、刻苦的创业精神。

其实，早在1997年，当我在与时任微软公司的市场总监王树彤交谈时，王树彤就引用比尔·盖茨的话说："要当一个亿万富翁，必须积极地努力，积极地奋斗。富豪从来不拖延，也不会等到有朝一日再去行动，而是今天就动手去干。他们忙忙碌碌尽其所能干了一天之后，第二天又接着去干，不断地努力、失败，直到成功。"

由此，我想起了不知是哪位企业家对我说过的一句话："今天能做的事，不要拖到明天。"

这一句哲理性的话语不仅对我们有很大的启示，而且也在很大程度上展现了富豪们对工作的狂热和执著。在富豪们发财致富的过程中，他们均有着相同的处世哲学，他们一遇到问题就马上动手去解决。他们从不花费时间去发愁，因为发愁不能解决问题，只会不断地增加忧虑。他们会立刻集中力量去行动，兴致勃勃、干劲十足地去寻找解决问题的办法。

你遇见过那种喜欢说"假若……我已经……"的人吗？那些人总是喋喋不休地大谈特谈他以前错过了什么云山雾雨的成功机会，或者正在"打算"将来干什么渺渺茫茫的事业。

失败者总是考虑他的那些“假若如何如何”，所以总是因故拖延，总是顺利不起来。总是谈论自己“可能已经办成什么事情”的人，不是进取者，也不是富翁，而只是空谈家。实干家是这么说的：“假如说我的成功是在一夜之间得来的，那么，这一夜乃是无比漫长的历程。”

不要等待“时来运转”！这样你会由于等不到而觉得恼火和委屈，要从小事做起！要用行动争取胜利。

从现在起，不要再说自己倒霉了。只要专心致志去做好你现在所做的工作，坚持下去直到把事情做好，机会就会来到。怨天尤人不会改变你的命运，也不可能让你拥有财富，只会耽误你的光阴，使你没有时间去取得财富。如果你想要“赶上好时间、好地方”，就去找一项你能够拼上一拼的工作，然后努力去干。幸运不是偶然的，只要勤奋工作，就会把财富女神召唤来。

如果你的目标是多方面的，那就更好了。然而要注意的是，这所有的目标对你都得有整体性的意义。现在就请你好好地计划每一天的生活，你希望和谁在一起？你要做什么？你要如何开始这一天？你要朝哪个方向行进？你要得到什么结果？希望你从起床开始，一直到睡觉，全天都有妥当的计划。别忘了，你所有的结果与行动都来自内心的构思，因此就照你所期望的方式，好好计划你的每一天！

温馨提示：

每一个人都有目标，这个目标有长远的、近期的，大的、小的。其实，只有我们实现了小目标才能去实现大目标，只有把近期的目标达到了，才能去实现长远的目标。所以，我们每个人一生都始终在追求着一个目标。

第三章
勇敢面对行动中的挫折

十个完美的想法也比不上一个实际的行动，因为想象中的成功只能是海市蜃楼、空中楼阁。一位哲人说过："所谓活着的人，就是不断挑战的人，不断攀登命运险峰的人。"如果你十分珍爱自己的羽毛，裹足不前，不使它受到一点点损伤，那么，你终将失去两只翅膀，永远不再能够凌空飞翔。

坦然面对行动中的失败

在人的一生中，可能会遇到各种各样的困难和挫折，也就是大家常说的逆境。逆境不是愉快的，但逆境并不能因为我们不喜欢就不到来。我们应该充分利用逆境，抓紧时间学习。等逆境过后，见到自己的进步和收获，意义就不同寻常了。

——夏承寿

在我们的生活空间里，没有一个成功者没有经历过失败的打击，他们都是从艰难坎坷中通过自己的努力拼搏才走出来的。他们之所以取得成功，是因为他们在行动的过程中坦然面对失败。这种行动，是源于他们对快乐的追求，面对痛苦时他们没有逃避，他们认为如果逃离恐惧，那么痛苦的力量就会更大。他们认为如果一个人不能化心动为行动，那么这个人就会承受心灵的巨大打击，会承受更大的失败。如果一个人对快乐的渴望不够强烈，那么他们承受痛苦和恐惧的滋味就会更加深刻。

有一个物理学家，对宇宙空间有着刻苦钻研的精神，只要是关于天体宇宙上的问题，他都能想得很久很久，直到有了结果为止。

正因为这种刻苦钻研、锲而不舍的精神，这位物理学家的名气很大，从而吸引了很多的追随者。有一天，一位美丽的姑娘来到他的面前说："伟大的物理学家呀，让我做你的妻子吧，我这么爱你，错过我，你再也找不到比我更爱你的女人了。"

物理学家也很喜欢她，但是这么大的事情，总要仔细地考虑清楚才行。于是物理学家就对她说："让我考虑考虑！"

在那位姑娘走后，物理学家拿出他一贯研究学问的精神，将结婚和不结婚的好与坏作了分析，并且一一做了记录，做了对比，最后再仔细斟酌其中的优劣得失，研究了半天，才发现好坏均等，这该如何抉择呢？于是物理学家再次反复论证，以期求出一个结果，为此，他陷入了长时期的思考和苦恼之中。

后来他的一个朋友实在看不下去了，就对他说："人若在面临抉择而无法取舍时，就应该选择自己尚未经历过的那一个，不结婚的处境你是清楚的，就是你现在这样。但结婚会是个怎样的情况你并不知道。你应该拿出实践的精神，去亲身研究才行。所以，你应该答应那个女人的要求才是正确的。"

物理学家觉得他的这位朋友说得非常的合理，于是他不再感到彷徨。他立即动身来到了那个向他求爱的女人家中，但是那个女人已经不住在这里了，在5年前她已经死了。听完物理学家的述说后，女人的母亲说：“你为什么不在5年前来呢？在以前的日子里，我的女儿一直在等你！每天她都盼着你的到来！结果你一直没有来。她绝望了，承受不住这种相思和绝望的打击，已经在悲伤中死去了！你为什么不早点来呢？”

是呀，“你为什么不早点来呢？”多么深刻的一句话呀！当你心爱的女人还没有出嫁的时候，你为什么不去追求呢？当市场还没有被别的商家占领的时候，你为什么不早去占领呢？当一项新的科学研究还在萌芽的时候，你为什么不快来争取呢？像这样的问题，还有很多很多，可是很多人却在等待与观望中失去了。

但是，人生是没有后悔药可以吃的。如果你不赶紧抢占位置，社会的大舞台上注定没有了你的席位。所以，在我们遇到问题的时候，一定要有当机立断的决心，不要因自己的缓慢行动而丧失了机会。正如拿破仑所说：“天下绝对没有行动就能取得成功的好事；天下也绝无不勇敢地追求成功而能取得成功的人。”

我们知道，海星集团是信息产业界一家的知名公司，但是它的成长却是靠荣海追回来的。正因为如此，在业界就流传着这样一句话：“令很多人想象不到的是，今天光明无限的海星集团是当年满心创伤的荣海坐着飞机不顾一切地追来的。”

1991年5月，美国康柏代表来到西安，希望委托一家国营计算机公司做代理商，而这家公司迟迟不能决定，康柏最后抱憾而去。荣海知道这个事情后，他认为机会来了，于是他当即乘飞机追到深圳。正是由于荣海的坚持，荣海的审时度势，荣海的立即行动，荣海对机遇的把握，使海星取得了主动权，迎来了辉煌的明天！

现在的荣海，已经能够坦然地对记者谈起这段经历了。但是，实际上这个故事说者无意，听者紧张，当年乘飞机追到深圳的荣海要面对的是怎样一场谈判？要说服本来打算请国营计算机公司代理的康柏接受刚刚遭遇人事纷争、百废待举的海星，恐怕相当不容易！而荣海收拾起一片惨淡的心情重振海星，在看似没有多大机会的生意中抓住机会，荣海的魄力更是颇让人叹服。

荣海说："一个人的每一个人生阶段都有传奇性故事，这是不大可能的，除非他把生活的巧合、机缘都当成传奇。但是海星在一个特别的时候，抓住了一个千载难逢的机遇，使自己在短短的几个年头，成为在地方或行业当中有巨大影响力的高科技企业。"

荣海曾对一个人成功的核心素质做过这样的解释："我觉得一个人成功的核心素质是冒险和善良。一个生意人，一个现代商人，所遭遇的起伏和波澜随时都可能发生。我是比较赞成这句话的：一个人没有一定的冒险精神肯定是做不成事的。

"如果大家都看到了机会，那已经不是机会了。一个企业家的过人之处在于看到一般人没有注意到的商业机遇。由于你努力，你不断地学习，所以你才能把这个'冒险'控制在一定的'度'内。这个'度'既让你冒险，又不让你覆灭，这就是企业家之所以能够成功，而不是一个赌棍、一个冒险的狂徒的关键所在。如果你是一般的人，就会忘乎所以、贪婪、不择手段。对于有知识的人，你对事业不断要求进取，并希望有回报，你这个回报绝不是贪婪造成的，而是强烈的进取心，想做一些事情的心理使然！这样，你就会把风险控制在一个合适的'度'里面，冒多大的风险？这个风险你能不能承担？我觉得这个很重要。另外我特别推崇一种善，就是人性格中的一种善良。这种善良，一是使自己能够以平静的心态对待自己，二是这种善的性格能够团结很多人，能够吸引很多人。而这种善良的性格体现在企业的管理、人的管理、生意上的合作上，都会产生巨大的魅力。"

由此可以看出，遇到挫折其实并不可怕，可怕的是我们没有立即行动的决定，没有勇气再站起来的胆量。只有内心的修炼达到了一定的高度，我们才能够坦然地面对失败，才能把失败当成行动的动力，并经过自己的努力奋斗获得最终的胜利。

潜能激发：行动需要强烈的决心

很多人以为只要拥有一部成功的宝典，就可以一夜之间功成名就，这显然是极其错误的。对此，卡耐基一再告诫我们：一张地图，不论它多么详细，比例尺有多么精密，绝不能够带它的主人在地面上移动一寸。一本羊皮纸做的法禅，不论它有多么公正，也绝不能够预防罪行。一册卷轴，绝不会赚一分钱或制造一个赚钱的字。只有行动，才是导火线，才能够点燃地图、羊皮纸、卷轴的价值。只有行动，才是哺育成功的食物和水。因此，我们必须铭记“行动”这个成功准则，绝不拖延和犹豫不决。

很多成功者都知道“拖延等于死亡”这句格言。很多人都怀抱理想，都拥有雄心壮志，可是，他们却不能取得成功，很多人都没有如愿以偿，甚至还在温饱线上挣扎，这是什么原因呢？因为这些人没有立即采取行动，他们还一直在拖延行动。就因为他们这样的习惯，所以他们的时间就在拖延中浪费了，一晃就是一生。这正如阿莫斯·劳伦斯说：“整个事情成功的秘诀在于，形成立即行动的好习惯，才会站在时代潮流的前列，而另一些人的习惯是一直拖延，直到时代超越了他们，结果就被甩到后面去了。”

事实上，在我们的人生过程中，一万句空洞的说教还不如一个实际的行动。例如，你打算什么时候实现梦想呢？你在等什么？你为什么还没有准备好？你是在等待别人的帮助还是在等待时机成熟？其实呢，最消磨意志、摧毁创造力的事情，莫过于拥有梦想而不开始行动。

年轻人最容易染上的可怕习惯，就是事情明明已经计划好、考虑过、甚至已经做出决定了，却仍然畏首畏尾、瞻前顾后，不敢采取行动。对自己越来越没有信心，不敢决断，终于陷入失败的境地。

很多人喜欢订计划，在周密、工整的计划中获得部分满足。但是，如果不能将计划变为行动，在若干年后，看到这张纸只会感到深深的失落，尤其是，当同时起步的朋友已经实现梦想的时候，你会更加地感到失落。

有一个人还在孩童的时候，就一直想学钢琴，但他没有钢琴，也没有上过课、练过琴。对此他深感遗憾，他表示长大后一定要找时间去学钢琴，但他似乎没有时间。这件事让他很沮丧，当他看到别人弹钢琴时，他认为“总有一天”他也可以享受弹钢琴的乐越；但是，在他快要走到生命尽头的时候，这一天总还是那么遥远无期。

我们千万不要像这个人一样。只要我们想到了，我们现在就放胆去做！我们为什么不敢轻易尝试？别人可能也很想做，只是没有勇气尝试而已，现在只要我们下决心去做了，他们还可能为我们这样做而鼓掌喝彩呢！再说，既然未对他造成任何不便，对方怎么会容不下。也许身边的人不喜欢我们依照自己的想法去做，但我们也不要因此而止步，只有我们鼓足勇气去做了，成功就属于我们。

长寿长乐集团老总曾超文，在生命科学的领域里探索着、

寻找着。同时，他又在民营企业的发展道路上艰难地跋涉着。这是一条充满荆棘、坎坷的创业之路。

早在军医生涯中，他就潜心钻研中医基础理论《黄帝内经》《本草纲目》等。在祖国医学的知识宝库中，蕴藏着无数瑰宝。《黄帝内经》这部伟大医学巨著，诞生于公元二世纪，文辞深奥、医理至深，很难读通吃透。曾超文为了读懂这部巨著，刻苦自学，潜心从医学古文的语法学起，不耻下问，直到弄通为止。数载的心血铸就了一把金钥匙，在《黄帝内经》中，他深刻领悟了“肾为先天之根，脾为后天之本”的内涵。书中只记载13个方剂，根本无法满足临床医学治疗的需要。但曾超文利用《黄帝内经》的医理，认真筛选最适当的方药，对《本草纲目》《本草拾遗》《普济方》等数百万字的医学专著进行了研读，记述了数十万字的读书心得。他吸取精华，把高深的医理和疗效卓著的方药紧密结合在一起，以明代王肯堂的《证治准绳》中的“五子衍宗丸”为基础方药，又参考《医宗金鉴》《傅青主男科》等医著中方药，加入补肾益精生髓的中药进行研制。为节省开支，他便在自己身上做试验，亲自体验药物的性味、功效和不良反应。经过反复的实践、失败、再实践，他终于研制出了治疗男性不育的纯中药制剂——“曾氏生精散”。这种药对少精、精子成活率低、畸形精子多、精子活动差、功能性不射精、阳痿等，均有显著疗效。“曾氏生精散”治好了战友的病，为战友一家解除了烦恼、送去了福音。上门求治者日益增多，一传十，十传百，问诊者络绎不绝，研究所门前车水马龙。

在成绩面前，曾超文并没有满足，而是不断追求。他瞄准了保健品市场。他在调查中发现，贵州是各种名贵药材得天独厚的生长环境。贵州盛产的药材，药性堪称一流。他在“生精散”的基础上，又精选五味子、冬虫夏草、人参、鹿茸、当归、菟丝子、何首乌等名贵药材及贵州独有的20种药材，再配以贵阳市茅台镇的酱香型白酒，研制生产“曾氏长寿长乐补酒”。醇酒泡良药，药借酒势，酒助药威，集治疗保健、延缓衰老等诸多功能于一体，保持了纯中草药的特性，有效地消除病魔，从而使人恢复青春活力，达到抗衰老的目的。经过反复科学试验。1987年补酒研制成功，1988年批量投放市场被一抢而空。他们还陆续推出长乐口服液、补液浆、曾氏茶等一系列新产品。

曾超文永不疲倦地在他的人生道路上前进着，同时，他也在不断地创造着生命的奇迹。

温馨提示：

世界上，从来没有什么真正的“绝境”。无论黑夜多么漫长，朝阳总会冉冉升起：无论风雪怎样肆虐，春风终会缓缓吹拂。而对年轻的我们来说，当挫折接连不断、失败如影随形时，当命运之门一扇接一扇地关闭时，我们永远也不要怀疑，因为总有一扇窗会打开。

养成积极行动的习惯

人应该支配习惯，而绝不能让习惯支配自己。

——（苏联）奥斯特洛夫斯基

我们平时就要养成一种习惯，用自我激励的警句“立即行动”对某些小事情作出有效的反应。这样，一旦事情发生了紧急变化，或者当机会来到的时候，我们同样能作出强有力的反应，立即行动起来，而不至于任由机会擦身而过。

1990年，中国的房地产一片萧条。罗忠福却一眼盯上了白藤湖这块未来的黄金地皮，投资近亿元买进白藤湖50多万平方米的地皮，并抓紧时机开发湖中花园别墅区。

1992年初，房地产热刚刚升温，罗忠福已将“湖中湖”第一期的120多栋别墅在香港推出，并一售而空，首期就回收资金近2亿元。

1993年下半年，房地产冷风骤起，别人纷纷下马，罗忠福却逆流而上。几项大工程频频动工：“湖中湖”第二期上马；10万多平方米的福海商住楼动工；投资4. 3亿元的福海俱乐部奠基……

在罗忠福的蓝图中，白藤湖畔将建起一座崭新的“福海城”：1000余幢高级花园别墅沿湖而建，错落有致，这是湖中湖高级住宅区；然后是外围沿公路两旁近10万平方米的福海商住楼高层住宅区；接着是占地16万平方米，融餐饮旅游服务于一体，具有欧美巴洛克、拜占庭风格的福海俱乐部；最后是荟萃中华传统文化瑰宝的“东方神秘文化城”。

在罗忠福亲自策划的白藤湖别墅区地价暴涨之时，掌握着大量地皮的罗忠福却不去“炒地皮”，不去赚快钱，而是放眼于长线项目，放长线钓大鱼。

此外，罗忠福还准备于近几年内同香港汇丰银行投资合作，办一家合资银行，并准备投资俄罗斯和加拿大的房地产业。他的目标是：立足珠海，拓展国内外市场，争取早日成为国际公司，去赚外国人的钱。

“我愿意给自己出一个又一个难题，我的乐趣就是攻破一个又一个堡垒，我不怕失败，不怕从头再来。”可他又说：“我想我不会失败。”

“如果仅是为了钱，为了享受，我早就不干了。我轿车、房子……什么都有了，至老，至死，一辈子有那么几百万就足够了！再多的钱又有什么用？我觉得人生的追求有三个不同的层次：第一层次是物质追求，包括衣食住行，吃喝玩乐。这一点我在1986年就达到了，那时候每月都有五六万元收入，想买什么都不成问题。第二层次是事业成功的追求，证明自己的能力，满足于事业的成功。这一点现在也基本上达到了。物质享受和事业成功都达到后，第三个层次的追求就是对社会、对国家的贡献。我目前就是向第三层次追求。我是为人民服务的，你可能想不通。'文化大革命'时期，全国上下都喊为人民服务，那时带有某些虚伪性。今天，我是真正地为人民服务。

我现在整天忙得不可开交，来珠海6年，只看过3场电影，在家里也不打麻将。我唯一的嗜好是钓鱼，但也好久没去了。1993年只钓过一次。我现在是福海的老黄牛，看来得一辈子干下去了。

我看过很多国外成功的企业家的传记。我发现许多富豪都有这么一个特点；他们手中的流动资金都很少，掌握的庞大钱财都尽可能拿去发展，对于一个企业家，账面上的钱多了并不是好事，平时有充足的周转资金就足够了，如果账上有1亿元的闲钱躺着不动，我反而会天天睡不着觉！按现在每年20%的通货膨胀率算，这账上的1亿元到年底就只剩下8000万元了，我能睡得着吗？”

罗忠福就是这样一个不断追求的人，就是一个不断行动的人。正是他的敢于行动，从而使他获得了巨大的财富。这正如一位哲学家所说：“我不能逃避今天的责任而等到明天去做，因为，明天是永远不会来临的。让我们现在就采取行动吧，即使我们的行动不会为我们马上换回财富，但是，动而失败总比坐而待毙好。即使财富可能不是行动所摘下来的那个果子，但是，没有行动，任何果子都会在藤上烂掉。”

事实上，在这个世界上，平凡的人生活得最实在，平常人的一言一行有时能改变一个伟大人物。许多貌似“高贵”“伟大”的人物其实是愚不可及的，而许多地位卑贱、被人冷落的下里巴人却富有智慧。智者未必贵，贵者未必聪。美丽的珍珠往往藏在外表粗糙丑陋的蚌壳里。无论在山村茅屋、田野陋居还是在小镇陋巷中，不管其表面情形看起来何等不幸、何等恶劣，真正的大人物都可能在其中诞生。一个人能否主宰自己是他成为什么人的一个决定性的因素。我们看一个人只需看他有什么样的朋友就行了。行动是一切人间奇迹在创造过程中所必不可少的一个因素，天才不是上天恩赐的圣物，而是辛勤汗水的结晶。

一个敢于行动的人，他们当然意志坚定、决策果断、目标明确；一个敢于行动的人，他们当然能够排除万难，勇敢地向着自己的目标前进，去争取胜利；一个敢于行动的人，他们面对困难时从不犹豫徘徊，从不怀疑自己是否能克服困难，他们总是能紧紧地抓住自己的目标。在他们看来，他们的目标是伟大而令人兴奋的，他们会坚持不懈地努力，暂时的困难是不会让他们停下行动的步伐的；在他们看来，暂时的困难是微不足道的，他们既然选择了想走的路，他们就会用顽强的意志做支撑，一步一步地走完它。

潜能激发：用行动取胜

英国前著名首相本杰明·笛斯瑞利曾指出，虽然行动不一定能带来令人满意的结果，但不采取行动是绝无满意的结果可言。对于这句话的论证，我们可以通过下面这个事例得以深切地感悟。

杨受成是香港非常有名的超级富豪，被人们称之为“钟表大王”。他的父亲在九龙及弥敦道交界开了个天文台表行。

他长到十四五岁时，就利用下午半天时间去铺面为父亲做帮手。他对做生意兴趣浓厚，经常钻研赚钱之道。

根据自己帮工的经验，他摸索出一个规律，游客的消费力最强，与游客做买卖利润最大。

于是他大胆地设想，与其在店里守株待兔似的做买卖，不如主动走出去寻找顾客。在这样的思路指引下，他开始钻到码头带领一些澳洲游客返回天文台表行买表。

首次主动出击寻找游客就获得了成功，这鼓起了他更大的勇气。他又到机场设法和一些导游取得联系，许予优惠，又采取给介绍客人的酒店司机、裁缝师傅以回扣的方法，这些办法个个奏效，更多的游客找上门来做买卖，营业额直线上升。

后来他干脆跑到日本和当地旅行社联系，让他们安排游客到表店购物，此举又获成功。

主动找顾客，这就是他总结出的经营策略。这一决策包含着他的聪明才智与勤奋努力，也包含着他直面人生奋勇拼搏的精神。主动找顾客，使小小的杨家钟表店赚到了第一个100万。

机会总是偏袒于那些敢闯敢拼的人。即使机会还没有来临，也要现在就去行动！在行动中寻找机会，比等待机会降临更抢占了一步先机。也许行动不会带来快乐与成功，但是行而失败总比坐以待毙好。行动也许不会结出快乐的果实，但是没有行动，所有的果实都无法收获。

由此可以看出，行动是件了不得的事。只要一个人行为正直，他就会越来越喜欢去行动。因此，如果你要想做一个积极进取的人，你就必须先从行动开始。

曾经有一个年轻人，因为生活上的不如意，心情非常的不好。于是有一天，他离开了家门，开始漫无目的地到处闲逛，在不经意间，他来到了森林深处。在这里，他可以听到婉转的鸟鸣，可以看到美丽的花草。在这样的意境之中，他的心开始变得渐渐好转起来，他徜徉在森林里，感觉着生命的美好与幸福。突然，他的身后响起了呼呼的风声，他回头一看，吓得魂飞魄散，原来是一头凶恶的老虎正张牙舞爪地向他扑过来，见此情景，他拔腿就跑，跑到一棵大树下，看到树下有个大窟窿，一根粗大的树藤从树上深入窟窿里面，他不假思索，抓住树藤就滑了下去，他想，这里也许是最安全的，应该能躲过这一场劫难。

年轻人到此时才松了口气，双手紧紧地抓住树藤，侧耳倾听外边的动静，并时不时伸出头去看看。但是，那只老虎却久久不肯离去，总是在年轻人藏身的地方踱来踱去。年轻人看见老虎有这样的举动，悬着的心又紧张起来，他不安地抬起头来，一看不要紧，更要命的是他看到有一只松鼠正在用尖牙利齿不停地咬着树藤，树藤虽然粗大，但也经不起松鼠长时间的咬。于是年轻人头脑里下意识地想到用不了多久，他就会掉下去，想到这里，他情不自禁地低头往洞底看去，这一看更是让他气都喘不过来了，因为洞底盘着4条大蛇，一齐瞪着眼睛，嘴里摇卷着长长的信子正抬头看着他。

刹那间，恐惧感从四面八方向年轻人袭来，他悲观透了。他爬出去有老虎，跳下去有毒蛇，上不得，下也不得，如果就这么不上也不下吧，却有那只松鼠在咬树藤，最后树藤断了，他也会掉下去的。想到这里，他仿佛听到了树藤被咬之处咯吱咯吱欲断未断的响声，他感觉自己好像正在向洞底下坠，感觉好像一条毒蛇已经缠住了他。

这个故事写到这里，我们大家也许会想到，人为什么总是在遭遇困难的时候，总会有这么的磨难呢！生活就是这样，当你不走运的时候，出门走在大街上都会平地摔跤呢！

时间一秒一秒地过去……年轻人想：悬挂不动已不可能，树藤终会有被松鼠咬断的时候；跳下去也绝无生路，即使下去了也会被毒蛇勒死；外面呢！尽管有花香，但有老虎，如果贸然出去，终究会被他吃了。年轻人想到这一切，不由得低声说道："难道这就是我的人生宿命？"就在他叹息的时候，好像听到一个声音在对他说："别怕，赶紧跑吧！老虎没有毒蛇可怕，老虎也有打盹的时候，只要你跑，总会有机会的。"于是年轻人不再做多余的考虑，他开始向上攀登，当爬到洞口的时候，他看到那只老虎正在树下闭目养神，于是年轻人抓住这个机会，从虎口狂奔而过，终于摆脱了老虎，安全回到了家！

当年轻人回到家的时候，还喘息未定，他就不停地说："是的，苦难也有闭上眼睛的时候。也许我们的能力确实有限，也许我们的厄运真的无法摆脱，但是我们用不着绝望，我们逃不脱生老病死，我们逃不脱有限的岁月，但是我们可以逃得脱老虎，逃得脱人生迎面而来的灾难。面对不幸、挫折与打击，我们可以跑，可以奋斗。"

到这里，我想大家也许感悟到了这个故事并不是人生的特殊的个例，也不是人生的具体写实，而是人生境遇的一个比喻。其实那只老虎不是别的，是无常的象征；那只松鼠是时间的象征；那四条大蛇是人生无法逃避的生老病死；那根藤就是我们的生命线的象征。老虎存在于这个世界上是无疑的，正如灾害，正如苦恼，正如天外飞来的横祸总是要到我们的身边，上至王侯将相，下至凡夫走卒，都无法摆脱。

当然，这些不测总是要来到人间的，当这些不测来到面前的时候，我们是面对还是躲避，这是值得我们思考的。毕竟人与生俱来的还有生老病死，这是任何人都无法挣脱的宿命；无法摆脱的还有时间，从表面来看，时间对生命并不构成威胁，甚至我们还以为它是运载人生的免费列车，可是真正给我们致命一击的就是时间，时间每时每刻都在噬咬着我们的生命之藤。而人生就是这么一个苦窟窿。人从母体中爬出来，就被驱赶到这个窟窿里来了，人生在生老病死这个苦境之外，还有许多意想不到的挫折与打击，也许你常常被苦难紧紧盯住。那么怎么办呢？我们在心中始终存有危机意识，才能产生行动的动力。就好像羚羊摆脱狮子追击的办法是跑得比狮子还快，这就是生路。所谓生路，就是行动之路。

温馨提示：

人生最伟大的事业的建立，不在于能知，而在于能行。于无穷处全力以赴，你会发现放眼之处仍有无穷天地。

行动帮助完成人生伟业

利虽倍于今，而不便于后，弗为也；安虽长久，而以私其子孙，弗行也。

——《吕氏春秋·长利》

詹姆·威廉斯说：“行动能带来回馈和成就感，也能带来喜悦，更能帮助你完成人生中的事业。”你可以界定你的人生目标，认真制定各个时期的目标。但如果你不行动，还是会一事无成。如果你不行动，你就像这样的一个人：

有个人一直想到新加坡旅游，于是订了一个旅行计划，但他花了几个月阅读能找到的各种材料来研究新加坡的艺术、历史、哲学、文化，在他认为已经研究得差不多的时候，他订了飞机票，并制定了详细的行程计划，他标出要去观光的每一个地点，每个小时去哪里都定好了。

这人有个朋友知道他翘首以待这次旅游。在他预定回国的日子之后几天，这个朋友到他家做客，问他：“新加坡怎么样？”这个人回答道：“我想，新加坡是一个非常漂亮的地方，可是我还没去过。”这位朋友迷惑不解地说道：“什么？你还没去过，不是你已经研究了很长时间了吗？不是已经把机票都订好了吗？到底出什么事了，才使你取消了去新加坡的计划的。”

“我是喜欢订旅行计划，但我不愿去机场，受不了。所以就没有去成，就整天待在家里了。”

在我们的生活中，有很多人就像这个旅行者一样，苦思冥想，谋划如何有所成就，但却没有行动，最终导致目标没有实现。对此，一位成功者说，“没有行动的人只是在做白日梦，只有那些付诸行动的人才能实现自己的梦想。”

陶新康高中没读完，就学了木工，那时他15岁。木工也非常不容易。但陶新康肯比别人多吃苦，多下功夫，还勤动脑子，所以一般人家学木工要学4年，他学了1年半就出师了。

1978年，陶新康建了自己的工厂。他坦言：“从1978—1986年这8年创业是非常艰苦的，但资本也从1万元达到了50万元。”

1986年，在川沙县严桥乡高潮村，凭借50万元资金，在两间不足80平方米的简易棚内，陶新康正式打出了私营“上海高潮家具厂”的旗号。为了采购到最好的原料，一直生长在山清水秀的上海地区的陶新康必须到东北去。到了东北后，陶新康主要走了两个省，一个是黑龙江，最远到“大林海”，就是电影里描绘的“林海雪原”那样的地方，铁路都已经到头了。另一个是吉林，到了鸭绿江，直到再也没有路的地方。越是原始森林，越是偏僻的地方，就越是采购的好地方。当时他走遍两地40多个林业局。

在茫茫林海雪原，陶新康经受了巨大的磨炼。也正是在苦苦磨炼的过程中，陶新康进行了第二次积累，积累了丰富的林木知识、管理生产的经验和比前一次更丰厚的资金。

凭借对未来市场的判断，凭借多年来在东北林场结下的良好合作关系，1990年，陶新康带了100多名管理和技术人员，筹集了500万元资金，承包了当时两个林业局的8个胶合板厂，建了12条生产线。1990—1995年这5年，借人家工厂搞承包。由于当地木材资源丰富，劳动力比较低廉，市场又出奇的好，因此短短几年就赚了2个亿。这一步是迈得非常大的，不是起步了，而是起飞了。

在东北承包林场时，陶新康还学会了喝酒。东北天冷，加上东北人“爽”，那时候车皮紧张，为了联系车皮他和东北人喝酒，“喝一杯给你一节车皮”，怎么办？喝，最多喝过近两斤白酒。

“1995年，大家都要去东北承包林场的时候，我已经回到上海重新规划新的发展了。1995年，先是在康桥开发区批租了138亩土地，用了1个亿。1997年批租了200亩土建工厂，投资2.5个亿。1998年又批租250亩土地，投资3个亿，累积到2001年，7

年投资23个亿。这些固定资产都是靠‘滚雪球’一点一点壮大的，我的贷款都是流动资金。应该说，集团1998—2001年呈现加速发展趋势，打造了一个木业王国，形成了7大类100多种木材产品的深加工规模。”

从1998年500万元到2001年6000万元，新高潮集团每年交给海关的税收以80%的速度递增。在外高桥货物码头，每天有一艘万吨货轮从世界各地把原木运到陶新康的木业王国。如果单纯讲木材深加工能力，新高潮集团是世界最大的。

陶新康的成功，正如《我们为什么还没有成功》的作者李伟所说，“一个人的行为影响他的态度，与其兴之所至才击节高歌，不如先引吭高歌带动心情，然后付诸行动，我们就能走到事业的巅峰。毕竟忙着做一件事，是建设性的行为，在潜心工作时所得到的自我满足和快乐等是其他方法不可取代的。这么说来，如果你寻求快乐，如果想发挥潜能，就必须积极行动，全力以赴。”

潜能激发：行动带来更强的信心

信心不是与生俱来的。永远不要小瞧自己，别人可以拥有自信，自己同样可以。如果你认为自己处于特别不利的境地，如果你认为自己不能获得别人那样的成就，如果你怀有这些思想，那么，根本就无法克服前进路途上的那些阻碍和束缚，就根本迈不开步子去行动，因为这种思想意识使你根本无法成为自己心中的渴望的人物。如果你想走出这样的误区，只有行动，因为只有行动，才能增强成功的信心，才能够帮你逃离出险境。

曾经有一个笑话说，有一个喝醉酒的人在深更半夜跌跌撞撞地往家里走，由于他醉得迷迷糊糊的，以至于连家的方向都不能辨识，最后竟然走到一片墓地里。刚好这块墓地有一个大坑。这分明是有一家人明天要给亲人送葬提前挖的，这个喝醉酒的人一不留神掉进了坑里，他费了九牛二虎之力仍然爬不上来。正当他准备稍事休息再往上爬时，突然有人冷不防在他肩上拍了一下，阴阳怪气地说："别白费劲了，我试过了，爬不上去的……"这一吓非同小可，他以为遇到了鬼，噌一下子跃出坑外，撒腿跑了个无影无踪，原来拍他的那个人也是个掉到坑里的醉鬼。

如果你还仅仅是想成功，那是因为你的现状还没把你逼上绝路，你还混得下去，你还没有被生活逼迫到真正能够让你感到恐惧的地步。如果真的达到了那一天，你就会去努力，去拼搏，去行动，把绝路变为坦途。你就会大声地说道："尽管世上有险途，但它永远也成为不了绝路，即使有绝路，绝路也是路，我也会坚强地走下去。大多数人之所以在困境中遭遇到更大的挫折，就是因为他们在遭遇挫折的时候往往会变得绝望不已。"

下面这则小寓言就告诉我们，有时候困难也会成为我们摆脱困境的有利因素。

有一天，一个农夫家的一头驴子，不小心掉进了一口枯井里，农夫绞尽脑汁想办法救出驴子，但几个小时过去了，驴子还在井里痛苦地哀号着。最后，这位农夫决定放弃，他想这头驴子年纪大了，不值得大费周折去把它救出来，不过无论如何，这口井还是得填起来。

于是农夫请来左邻右舍帮忙，准备将井中驴子埋了，以免除它的痛苦。农夫的邻居们人手一把铲子，开始将泥土铲进井中，当这头驴子了解到自己的处境时，刚开始哭得很凄惨。但出人意料的是，一会儿之后这头驴子就安静下来了。

农夫感觉非常的奇怪，于是就好奇地探头往井底一看，出现眼前的景象令他大吃一惊：当铲进井里的泥土落在驴子的背部时，驴子的反应令人称奇——它将泥土抖落在一旁，然后站到铲进的泥土上面。

就这样，驴子将大家倒在它身上的泥土全数抖落在井底，然后再站上去。很快地，这只驴子便得意地上升到井口，然后在众人惊讶的表情中快步地跑开了！

从这个寓言故事可以看出，驴子落到井里的确是很不幸的事情，但驴子还遭遇似乎更坏的情况，上面有人往井里铲泥土。按一般想法，驴子会很快被埋在井里的，但最后的情况是驴子经过微妙的处理之后最终使自己脱离了困境。

现实生活中，因没有充分发挥内在潜力而陷入绝境的人不计其数，可是就因“欠缺了某些要件”，结果自毁前途，陷自己于失败之中。

如果这头驴子只是安于现状，仍是退缩，没有抓住这次逃生的机会，那么它很可能就会葬身井底。正是当它发挥了潜力，建立了自信之后，终于获得了自由。

许多人以为，信心的有无是天生的、一成不变的。其实并非如此，我们每个人的心目中都有各自为人的标准，我们常常把自己的行为同这个标准进行对照，并据此去指导自己的行动。因此，如果我们想进行自我改造，建立自信，我们就应该首先改变对自己的看法。不然，我们自我改造的全部努力便会落空。对于人的改造，只能影响其内心世界，外因只有通过内因才能起作用。这是人类心理的一条基本规律。

拿破仑·希尔曾说：“有方向感的信心，可令我们每一个意念都充满力量。当你有强大的自信心去推动你的成功车轮，你就可以平步青云，无止境地攀上成功之岭。”

温馨提示：

信心与很多其他成功必需的因素不同，智商、身体，甚至是性格很大程度上都在一个人出生时决定了。信心不是与生俱来的，有时候，一件很小的事情的成功，对自信心的建立都有着非常大的影响。这些都需要我们自己去勇于面对每一个挑战，抓住每一个建立自信的机会，慢慢地积累。

用行动说话

君子强学而力行。

——扬雄《法言·修身》

不断自我贬损的人，总是把自己看得微不足道的人，总是认为自己不过是活在尘世上的一条可怜虫的人，总是认为自己绝无可能取得任何重大成就的人，会给人们留下相应的印象，因为他们怎样感觉，他们看上去就会怎样。只有那些积极行动的人，才能在困境中找到自己的价值。

曾经有一位刚从云南某服装学校毕业的女士，为了实现自己的理想，她没有在当地找工作，而是带着她自己的时装设计稿来到了北京，她认为，在中国的政治、经济、文化中心北京，她一定会获得成功。但是，在她来到北京两年后，很多服装公司对她的设计稿都毫无兴趣。后来有一天，她遇见了一个朋友，朋友那天穿了件非常漂亮的毛线衣，颜色素雅，但针法独特，煞是好看。

“这是你织的吗？”她情不自禁地问她的朋友。

“不是我织的，”她的朋友接着回答道，“这是我所认识的赵安娜织了送给我的。”

“针法真不错。”她继续说道。

朋友解释道：“赵安娜很喜欢编织毛衣，她会编织很多种风格的毛衣。”

听完朋友的述说，她突然有了一个大胆的设想，她要开一家自己的服装店，然后与赵安娜合作，这样就可以自己设计、制作、出售服装，就不需要靠别人来实现自己的梦想了。她想到此，立即告别了这位朋友，然后回到家里，制订了一份详细的计划，她决定就这么干，她要从一件毛线衣开始创业！

接着，她投入了大量的精力，设计了一个黑白分明的蝴蝶图案，交给她朋友所说的那位朋友，也就是赵安娜夫人。

赵安娜很快就把衣服织好了，效果相当不错。她穿着它出席了一个有许多服装界名人出席的午餐会。让她高兴的是，这件衣服果然引起了注意。位于西单的一家大型商场的代理商当场就预订了40件，两周内交货。当她走出大厅时，高兴得都有点飘飘然了。

然而，这种高兴劲并没有维持多久，当她给赵安娜通完电话之后，她又仿佛陷入了困境之中。“织这样一件就需要差不多一周的时间，”赵安娜说，“两星期40件，根本不可能！”

胜利的果实就在眼前却无法将它们摘到！她满脸忧伤地

步行着回家，她连搭乘公交车的欲望都没有了。就在她绝望地走在大街上的时候，突然她停了下来，她认为一定还有别的方法。虽然这种针法需要特殊的技巧，但她相信在北京一定还会有其他人会这种针法。她回去向赵安娜说了她的想法。赵安娜虽不大相信这招能行，但同意帮助她。

她们开始乘飞机回到赵安娜的家乡。然后通过报纸、电台的宣传，她们终于找到了30个人。每个人都会这种织法。

十五天后，毛线衣织好了。她们按时交了货，并领到了她们自己的报酬。如今，她永远也不会忘记她的第一次时装展，那真是一次真正的挑战啊！那时她正忙着准备她的冬季服装展示会，可就在节骨眼上，她们又遇到了‘非典’的暴发，最后所有的员工都不来上班了，只剩下一名裁剪师和一个负责缝纫车间的女工。她心情极度沮丧，那些模特、促销小姐们也同样不能参加，更加要命的是，‘非典’还在无休止地扩散，人心一片慌乱。“看来展示会要泡汤了。”她痛苦地想。

她感到既迷茫又苦闷。毫无疑问，她们必须取消展示，否则只能展示那些未完成的服装。突然间，灵感在她的脑中闪现，为什么不呢？为什么不现在就行动呢？我为什么要等到‘非典’大暴发才去行动呢？我现在为什么不去展示那些未完成的作品呢？她开始了行动，尽管在展示会展示的衣服没有袖子，有些仅有一点，很多还只是雏形，只是用厚棉布做成的样式。她们把样图和布料别在上面，通过这种方法，人们就知道成衣的颜色和质地了。

总之，那次展示会别具一格。然而就因为它别具一格反而获得了巨大的成功。因为他们这种不寻常的展示抓住了公众的注意力，订单因此源源不断。

所以，你对自己，对自己的能力、地位、重要性和社会角色的评价，将会在你的表情上显现出来，将会从你的行为举止中显现出来。如果你感觉自己非常平庸，你就会表现得非常平庸。如果不尊重自己，你会将这种感觉写在自己的脸上。如果你自我感觉欠佳，如果对自己总有喋喋不休的意见，那么，可以肯定，没有什么非常宝贵的东西会降临到你的身上。如果你自信有什么特质，就会将这些特质展现在人们面前，人们将对你的各种特质留下印象。

在美国运动史上，最伟大的美式足球教练宾斯·隆巴尔德是个非常了不起的人物，不仅选手信服他，就连球迷也都非常欣赏他，他对球员采取严格的督导方式，在这方面所受到的各界好评是无与伦比的。

以前，一般人都以为他是位非常严肃、不易亲近的人。可是后来等到见了面，才发现他是位和善而且容易亲近的人。再后来有人对该队一名球员说："他真是位稳重而和蔼可亲的好好先生。"球员听了笑着回答说："算了吧！你可不是他队里的球员。"

隆巴尔德告诉我们："我唯一的要求就是赢得胜利，如果参加比赛不求胜利，那就失去了比赛的意义。其实无论是比赛、工作或是思考，其结果还不都是为了求胜？”身为教练的他又继续说：“人生最重要的事，就是希望获得胜利和获得胜利后的喜悦，我一向以本身的自信来激发球员的信心，并训练他们使其永远充满了信心。因为有自信的人，一定能将面前的所有障碍扫除。”

宾斯·隆巴尔德用最严格的训练方式来训练他的球员，他深信这是训练出一个百战百胜球队的不二法门。

“如果你们想跟着我，”他很郑重地对球员说，“有三件事你必须永远牢记在心中，那就是你的信仰、你的家庭，以及格林贝·巴卡斯（球队）的荣誉。”

格林贝·巴卡斯队的门将吉里·吉拉玛，曾写过一本回忆录。书中记载了一段隆巴尔德的话：“比赛中一定要全力以赴，其他什么都不要管。接近对方球门时，更要拼命向前冲，就算面前战车、铜墙铁壁或是对方的球员，谁都阻挡不了你的攻势。”

在隆巴尔德严格的训练之下，格林贝·巴卡斯队成为足球史上最强的一队是不足为奇的。

当你读完这个故事时，一定会得到一些工作上的启示吧。你心中是否存有半途而废的念头呢？毫不犹豫地抛弃这念头吧！倾出全力，不要退缩，只要把胜利放在心上，别人的什么都不管。相信自己的行动吧！唯有行动才能获得成功。请牢记，只有行动，才能让你走到事业的高峰。

潜能激发：苦难是最好的老师

如果你总是渴望拥有一个“立即行动”的品质，那么，其他的品质逐渐就会归你所有，你就会将它们印在脸上，印在你的行为举止中。让你感觉到只有你去行动，去真正地想做一件事时，真正的力量才会发挥出来。真正能控制自己的人，并不是那些逃避现实的人，而是具有坚强自信心的人，这种人是人类的瑰宝。因为他们能将自己优异的资质，弥补自身的缺陷。

可生活毕竟无法复制，也不该复制。意志磨炼靠生活中的许多细节，靠不断地重复养成的习惯，而不是一年一次两次的“吃苦夏令营”或“吃苦冬令营”。学习和借鉴，永远都应该得其神而去其形，否则，只会成为“东施效颦”而贻笑大方。

苦难是人最好的老师，它能使人得到真正的锻炼，使人学到许多有用的东西。人在越困难的时候往往意志越坚强，潜力也往往更容易被激发，奋斗的目标也越清晰。

吴一坚，是一个把苦难化为自己前进动力的人。吴一坚没有显赫的背景，没有值得炫耀的学历，没有如山的资本，他只是凭借着自己敏锐的嗅觉、过人的胆识、顽强的个性创造了一个财富的神话，在苦难的烈火中获得永生。

1960年12月10日，吴一坚出生在西安纺织厂职工医院。刚满月就被接到山西省永济县西太平村的奶奶家抚养。奶奶家给他留下的印象是石榴树下拴着的一只母羊，奶奶管它叫“羊妈妈”，他只要一看见那只羊，便高兴地直喊“羊妈妈”，他就是喝那只羊的羊奶长大的。满三周岁他又被送回西安父母的身边。他再次回到老家是1967年的暑假，他爷爷因出身地主已被批斗折磨致死。虽说当时天气炎热，可他分明感受到阵阵刺骨的寒意。

然而，家庭的变故并没有终止，接着他的父亲——西安市灞桥区的一名普通干部又受到冲击，以莫须有的罪名被抓了起来，关在一间黑屋子里，屋门口有人站岗守卫，好像一座临时监狱。年幼的吴一坚随着母亲去探望，母亲挎着一个大篮子，里面装着香喷喷的令人发馋的花卷馍和一双鞋子，鞋子被退了出来，说是用不上，而花卷馍则被留在了黑屋子里。

这些童年的苦难经历，使吴一坚时刻为亲人、为他人牵肠挂肚，也铸就了他的平民情结。如果我们能用心咬破自己构筑的外壳，尽管这一过程会很痛苦，但对于生命的重生，实在是一种必需。

很小的时候，杰克曾在蚕房里住过两年。他熟悉蚕在其生命轮回过程中每一个隐秘的细节。由黑珍珠一般的卵，到变成胖嘟嘟的蚕儿，到沉睡茧中的蛹，最后羽化成蛾，这个神秘的精灵就完成了一次生命的变异。

观察这样的过程不仅费时费力，还需要较强的耐心。不过，杰克愿意为此去做他所愿意做的事，因为在他看来，他这样做是非常富有诗意的。当可爱的蚕儿吸取了充足的甘草润泽后，便用生命的丝线织茧而栖，沉沉而睡。生命被无尽期的黑暗覆盖，深埋于寂静之中。其实，它是在做一个坚实的梦，孕育着一次生命的复活。

终于，蚕咬破自己织制的茧子，出来了，由蛹化蛾，完成了生命本质的飞跃，带给杰克惊喜的震撼。杰克固执地称它为蝶。因为它让杰克想到化蝶的传说。他想，这个细小的生命，它短暂的沉睡类似于一次死亡。而当它痛苦地咬破自己织制的茧，羽化成蝶后，就完成了生命的复活。这个小精灵，在其短暂的一生中是那么专注于自己的生命，用重生来拒绝死亡，穿越了生死的界限，让生命得以绚烂。从某种性质上说，它接近于神话中涅槃的凤凰。

杰克感动于破茧成蝶所带来的美学意蕴。很多时候，我们看看它振动透明的薄翼，时而以舞者的姿态翩飞于屋檐下，时而款款行走于墙壁之上。这只蝶使我们心头的生命之弦得以穿过虚与实的空间。杰克想，当初它的沉睡，就是在做着一个蝶梦，一个死亡与生存相连在一起的梦。这个梦既洋溢着古典的气息，又充满着生命的哲理。

其实在生活中，很多时候，我们就如那小小的蚕儿，经常会陷入一种生存的窒息状态，或是处于绝望的境地。对于我们个体生命而言，有时心灵也会结上了一种“茧”。如果我们能用心咬破自己构筑的外壳，尽管这一过程会很痛苦，但于生命的重生，它又实在是一种必需。包括面对死亡，一个能坦然面对死亡的人，也一定能坦然面对生活。所以破茧成蝶，是人生一种境界，能够破茧成蝶，就会重获生命的欢愉和快慰。如果再能敢于行动，人生就至臻无憾了。也就是说，你如果要看起来很高尚，你的内心必须要感觉到很高尚。在这种优秀品质显现在你的脸上和行为举止中之前，你的思想中必须首先就有这种优秀的品质。

温馨提示：

一个人只有强烈的决心，才能下定决心去行动；只有你决心去完成一件事，行动才能帮助你走向成功；只有行动，才是能证明你能成为最好的自己。

行动的力量

对于一个敢于行动的人，遥远的路程也是近的。

——谚语

对于一个没有失掉勇气、自尊和自信的人来说，就不会有失败，他最终是一个胜利者。无数的人生经历告诉我们：一个人如果失去自信，必将一事无成。就好像100-1=0这样的题目，如果从数学的角度看，答案肯定是错误的。但是，从人生的角度来看，题目却蕴藏了深刻的人生哲理。这里的“1”，并非数字“1”，它指代和象征人的一颗自信心。同时也让我们明白了，在人生的战场上，只要有坚定的信心和勇气，就会有强大的行动动力，就会有闯出去、拼下来的巨大力量。但是，在人生中，又有谁能一生如意呢？在不如意的时候，不要忘了我们要行动，只有饱含热情和智慧、充满勇气和力量的行动，才能成功。

如果没有自信，就没有成功。自信与不断行动是相关联的，不自信与接连遭受挫折有关。初学游泳的人，都会产生恐惧，怕下水会淹着。但只要有自信，有行动，就敢于跳下去，恐惧就会慢慢消失，就能成为一个搏浪的高手。但如果不自信时，没有勇气跳下水去尝试着游一下，那么就永远学不会游泳。第一步都不敢迈出，何来以后的成功呢?

传说美国的印第安人，为要教导孩童应付森林中野兽侵袭的危险，从孩童年幼时就严格地训练他们，让他们学习勇敢和培养坚强的意志。大人把孩子带到森林里，把他绑在一棵树上，让他单独在森林中经过一夜。孩子没有成人在旁，当然十分惧怕，大声呼号、哭泣；但做父亲的并没有离他而去，只是躲在一旁，手里拿着枪，随时准备射击侵袭孩子的野兽。

很多情况下，当我们遇到困难时，我们总希望朋友第一时间帮助我们解决，当我们呼救时，若没有什么改变，我们又认为朋友不理会我们或是丢弃我们。然而朋友一直在我们身旁，成为我们的守护者，他的迟延，只是叫我们有更好的训练，有更强的能力去面对将来更大的生活挑战。也许正是财富英雄们认识到了这一点，他们才会认为苦难是一笔重要的财富。

在众多的财富英雄人群中，对杨卓舒而言，正是因为他经历了苦难，才让他在创造财富的路上有了更多的感悟。

杨卓舒在回忆往事时说:

我的父母都是知识分子，在我还很小的时候，他们就被双双打成右派，我因此被看成“黑五类”。所以，我是在看着父母被批斗中一天天长大的，我饱受了权力的凌辱。好在我的父母都是那种在最艰难的时候也能看到希望的人，他们一直没有放弃对我的文化教育和理想教育，这保证了我能够不间断地接受知识的熏陶，并继承了知识分子家庭特有的高贵情感。

我的苦难的过去曾经使我心中充满仇恨，但是我后来意识到，人的一生，只有靠爱去支撑，必须去爱别人，必须去付出，必须有理想，否则只能会更加痛苦。

过去的苦难生活真的是历历在目，让我细细说给你听吧！

我清楚地记得，从小学一年级到四年级，自己几乎完全处于逃学状态。因为饥寒，所以很小就得随大人一起劳动。

但与别人家的穷孩子不同，我的父亲有很多旧书，这使我很早就读到了很多书。虽然那个时候家里很穷，但经常有父亲的朋友到家里来讲《岳飞传》《三侠五义》等，这些故事培养了我的英雄情结。

小学五、六年级是我这一生最值得回忆的阶段。我父亲曾经教过的一个学生，是地主家的孩子，他大学毕业，人非常聪明，他对我的父母说："孩子都这么大了，别总是逃学、旷课了，还是回学校吧。"我到学校以后，老师给我封了一个劳动委员，接着又当上了学习委员，年幼的我找到了一种被尊重的感觉，这种感觉至今不能忘怀。我想，只有一个受过穷、受过屈辱的人才能体会到我当时的那种感觉，那是一种感恩。在我的情感世界中，我一直认为要学会感恩，感激生活中所有的好的东西。

后来"文化大革命"开始了，由于我的家庭遭到巨大的冲击，我只好放弃学业，出去当苦力。当时，我刚刚15岁，身体瘦弱，为了能让招工的人把我领走，母亲把家里所有秋衣都裹在了我的身上，这样让别人看起来觉得我的身材魁梧一些。第一次吃苦力，一天干十几个小时，几百人的大通铺，晚上蚊子一咬咬一夜，吃的是高粱米。那种生活真的是一言难尽。正是经历了那样的艰难，所以我知道人应该善良，有一颗善良的心是多么重要。直到现在，每到寒天了，我都要动员自己的员工捐一些鞋帽给那些挨冻的人们，以便让他们可以稍微温暖一些地度过冬天。

少年时的磨难让我真切意识到理想主义的可贵。什么是理想主义呢？我认为“理想主义就是在什么都不缺少的情况下想到天下所缺，在太平时代想到危机，在美满的生活中发现丑恶，在废墟中看到希望，在一无所有时看到未来的辉煌”。

实际上，我认为我之所以能够从那么艰苦的底层生活中走到今天，就是因为有高贵的情感和理想主义，它们一直引导着我的生活。“我们卑微，但我们景仰崇高；我们渺小，但我们敬慕英雄。”我这么说，是因为我真切地感受过！在最艰难的日子里，在看不到希望的生活中，如果没有理想主义，无法想象我会怎样。

我认为一个民族的贫穷首先是由精神贫穷造成的。很多人总是羡慕别人的财富，这是舍本逐末，财富来源于高贵的情感。

当然，能够有这种想法的人不只是杨卓舒，当我们翻开《中国内地百富榜》中的李兴浩时，他也认为：“底层生活给了我最朴素的情感。”

同样地，李兴浩也是一个挨过穷的人，所以他对财富的追求要比一般人强烈。但是正因为以前受过穷，所以他对财富的情感也是不一样的。他绝对不会“为富不仁”或者“仗势欺人”。

“我从不把财富当作冰冷的东西，我要用财富去帮助更多的人，让更多的人感受到温暖。”

他继续说道：

客观地说，以前很穷的时候，我对财富的理解是很简单的，没有今天这样的深度。

那个时候我对金钱的概念很朴素——有钱就不会饿肚子。我做过很多生意，卖冰棍、卖布头、卖五金，还开过酒楼，都是为了生存，为了让家人不再挨饿。后来我一步一步把企业做大，家人的生存不再是问题了，可以说我们已经过上了丰衣足食的日子，可是这个时候我也意识到，我对社会的责任！要知道，一个有事业心的人，他是一定会有这种责任感的。我希望自己能够帮助更多的人，就像自己以前在穷困的时候，曾经得到别人的帮助一样。从贫穷得来的对财富的概念就是这样的，钱不只是可以让自己生活得好一些，还应该用于帮助更多的人。

我赚再多的钱，也只是吃一碗饭啊，钱多到一定程度的时候对个人本身就没有太大的价值了，所以不要斤斤计较，要有宽广的胸怀。

所以，苦难在我们每个人身上都是一件活生生的事；就像树木每一刻都在生长一样，它会在阳光下日渐壮大，从雨水中得以滋润，经过暴风雨会更坚固地往下扎根。所以，心中愁烦的人哪，苦难的经历会告诉你：苦难能够让我们去重新认识自我。对于这种认识，在缪寿良的身上体现得淋漓尽致。

缪寿良很关心自己的员工，身体力行，过去和员工在一起抽烟时，他自己抽一支也要给他们一支，不会自己一个人抽的。到过富源集团的人都会有这样一种强烈的感觉：这里是一个家。这个家是朴素的，从外面看，一座普普通通的九层高楼房，和左右的居民楼没有什么不同，走进楼里，朴素的风格依然如故。一年多时间未见的老部下事先不打个招呼就跑过去，他就是再忙，也会抽出十几分钟的时间和他们聊上几句，然后很抱歉地跟他们解释，现在有很多事情要办，希望他们改天再来。

如果你是一位强者，如果你有足够的勇气和毅力，失败只会唤醒你的雄心，你就能鼓足勇气与力量，树立自信心，让你更强大，勇于有所作为。亨利·梭罗说：“人为成功而生，而为失败而存。”

潜能激发：行动不能让失败阻隔

如果你碰到危机四伏的人生窘境，会怎么办呢？你是否会停滞不前了呢？事实上，在你遇到困难时，进取、冒险不是说说就行了，行动永远比设想更有效。

有一次，日本本田公司总裁本田宗一郎为了谈成一宗出口生意，就在滨松一家餐馆招待外国商人。席间，客人进洗手间，不小心竟将自己的假牙掉进了粪池。本田宗一郎听说后，跑进厕所二话没说，脱光衣服，跳进粪池，用木棒打捞，要是用力过猛，假牙就会沉下去，所以得小心翼翼地慢慢打捞。捞了好一阵子，才找到假牙。

打捞起来，冲洗干净，并消毒处理后，本田宗一郎首先试了试，然后才拿着它，将它交给了客人。完全失望了的外国客人感动了、震惊了，宴会厅又沸腾了起来，生意当然也做成了。

本田宗一郎自己率先做最棘手的事、最艰苦的活，亲自做示范，以这种无声的行动告诉雇员：你们也要这样做，你要告诉顾客：我们是最值得信赖的合作伙伴。

生活中，人人都希望幸运之神垂青自己，人人都幻想厄运中会出现奇迹，但这只是一厢情愿。人应当为胜利做出努力来为失败做准备，倘若平时没有应付险恶环境的准备，一旦厄运降临，悲剧就会发生。

1980年7月26日，一个16岁的少年在某空降学校受了4小时的训练后，就要开始跳伞了。下午3点半，飞机把跳伞员运载到110米的跳伞高度。第一个青年跳下去了，一切都很顺利。下一个就该他跳了。时间越接近，他就越紧张，他想竭力抑制自己的恐惧，但总有一种恐惧感惊袭着他，他不断地提醒自己："几百万人都跳过伞，他们都平安无事。"

跳伞指导员发出了命令，这个少年应声跳出，远离了飞机，但是不知什么原因，他向后倒翻了一个跟斗。这时降落伞正要张开，可是有些绳索就和他的腿缠在了一起。他抬头看看，原以为会看到一个使他安心的五彩缤纷的降落伞在他的头上张开着，谁知所看到的却是一团纠缠着的绳索。系着一个出了故障的半开的伞，这使他非常惊骇。他急拉绳索，希望使伞完全张开，但伞剧烈地摆着，却未能如愿。他以每小时90公里的高速下落着。他吓坏了，心中在暗暗地哭泣："天啊！为什么让我碰上这可怕的事！"他呆呆地看着那头顶上出了故障的伞，不知所措。过了一会儿，他反倒放松了。他大声喊道："好吧！老天爷，只有你和我了！"他的身体不由自主地旋转着，正在以惊人的速度冲向地面。突然，他想起了教练说过的应急措施："万一你的降落伞失灵打不开，就拉开释伞圈，把它丢掉。它离开你时，会拉动绳索、打开你的后备降落伞的。"

啊！后备伞。他这时才想起来。用力拉开了释伞圈，抬头看看后备伞慢慢张开，可是稍稍迟了一点儿，一声闷响，他摔到了地上，把地都砸了一个坑，然后又反弹到了两米以外的一个地方落下。他的多处骨头都折断了，左上臂的骨头像根棍子似的插在地里，伤势极其严重，可是他却没有死。因为他是侧面着地，脊椎骨没有受伤，再加上刚打开的后备伞多少也起到了一点作用。

对他本人来说，这个事故的教训是什么呢？首先就是他对失败没有思想准备，而是存在着侥幸心理："几百万人都跳过伞，他们都平安无事。"好像这就可以保证他也一定平安无事似的。可是他没想到，那几百万人在跳伞之前都对可能出现的事故做了很好的准备，而不是像他这样靠碰运气。跳伞前的恐惧、紧张和这种碰运气的自我安慰都是有害无益的。有益、有效的态度应该是再三提醒自己："我有两个伞而不是一个。第一个失灵打不开时，记住立即丢掉它，自然就会打开第二个后备伞。"如果对失败有了充分而有效的准备，那么，紧张、恐惧的心情自然会消除。跳伞的时候，也就不至于出现后翻的技术失常。而且，即使出了事故，也不至于迟迟想不出对策、束手待毙。

培根说："一个人的幸运的造成主要还是在他自己手里。"所以，又有一位诗人说："人人都可以成为自己的幸运的建筑师。"为失败做好准备，才能立于不败之地，这样，当失败突然来临时才不至于惊慌失措。

但是，为失败做准备，不是要你从一开始就打算失败。

而是要充分预见到事情结果的各种可能性。即所谓“为最好的结果作努力，为最坏的结果作打算”。如果你理解错了这一思想，从一开始就不断暗示自己有可能失败，你就迈不开行动的步子了，结局就可能真的会以失败收场。

温馨提示：

勇气、自尊和自信是每一个成功者所应该具备的，它们使你认准目标、勇往直前，更重要的是它们能够使你培养坚强的意志、增强行动的力量！

第四章 立即行动

心动不如行动。希望成为什么样的人，就朝着希望的方面去主动争取，去努力，去拼搏。不要指望别人来帮助我们，只有自己的努力拼搏，才能实现我们的愿望。

行动的重要性

生命中的每个行动，都是日后扣人心弦的回忆。能者默默耕耘，无能者光说不练。你现在就可以开始行动，朝着理想大步迈进。

——索晓伟

在我们的生活中，每天都有很多人把自己辛苦得来的新构想取消或埋葬掉，因为他们不敢行动，他们过于保守，总是处于等待和观望之中。更可怕的是，过了一段时间之后，这些构想又像噩梦似的回来折磨他们。

那么，当我们遇到这种情况的时候，我们应该怎么办呢？此时你就要认识到：一个人如果制定了目标，但并不去行动，这目标就等于虚设。冥思苦想的计划如何实现，我们绝不能停止不前而不去做。行动才是化目标为现实的关键，行动才是潜能的引爆器。

有一个鹰蛋，被上山游玩的小孩子拿回了家，家人把这个蛋放到了鸡场里和那些鸡蛋一起孵。后来，鹰蛋里的鹰和小鸡都孵出来了，小鹰和小鸡一起长大，但是鹰一直都很伤心，因为鹰的长相，一点都不像其他伙伴。因此，鹰不能和鸡伙伴们一起玩，只能独自发呆，就这样，鹰一直和鸡生活在一起。随着时间的过去，鹰对自己的生活越来越不满足，它发现，自己的内心里有一种奇特的感觉。它一直在想“我一定不只是一只鸡！”只是它一直没有采取什么行动。

有一天，鹰和鸡在鸡场外面玩，一只老鹰从天空中飞了过去，然后又飞了回来，一直飞了好几个来回。和鸡在一起的鹰感觉到自己的双翼有一股奇特的力量，感觉胸膛里的心正猛烈地跳着。它抬头看着老鹰的时候，一种想法出现在心中：“养鸡场不是我待的地方，我要飞上蓝天，栖息在山岩之上。”鹰从来没有飞过，就算是从高处往低处也没跳过，但是，鹰内心飞翔的力量和天性让鹰展开了双翅挥动起来，经过不断的努力，鹰飞了起来，鹰飞到了房顶上，然后飞到了一座小山上，最后，鹰飞到了更高的山顶上，直冲天空，在天空中飞舞时，鹰才知道自己原来这么伟大。

每个人身上都蕴藏着巨大的潜能。普通人只发挥了他蕴藏能力的1/10。与应当取得的成就相比较，我们不过是在沉睡。我们只利用了我们自身资源的很小的一部分，甚至可以说一直在荒废。我们身体里蕴藏着的这些巨大潜在力量，等待着我们去发现、去认识、去开发。这种力量，一旦引爆出来，将带给你无穷的信心和能量。

大凡前进在人生道路上的人们，可能会一次又一次地处于逆境中。久而久之便形成了这样一种生活态度，他们认为自己的人生是艰难的，生活中所有的不顺都跟他过不去，做这样或那样的努力都是毫无用处的，他不可能成为赢家。自此，这个人也就会灰心丧气，认准无论自己怎么做，都不会有好结果。可是，他们没有发现，他们身上那种可以改变自身的力量被封锁了，没能发挥出一丝作用。他们没有分辨出这种力量，甚至并不知道这种力量的存在。

所以，我们为了使行动容易，必须要把工作环境整理好，或把周围一些令心情散乱的事物消灭掉，这是必要的措施。但最重要的是你开始要做的“欲念”。在报社这种喧闹的环境中工作的记者，或在忙碌的证券和股票堆中工作的营业人员，只要他们有去工作的意念，仍然可以将周围的嘈杂从心中驱逐出去，而全神贯注于自己的行动上。

事实如此，看看我们所取得的每一次成功，哪一点离开了行动呢？的确，我们的每一次成功都源于行动，人们常说，心动不如行动。“我当时本该那么做，却没有那么做。要是当初做了，我今天早发啦！”这等于废话，毫无价值和意义。再好的主意、计划、打算，若只是说说或写在纸上，根本未去付诸行动，那只是自欺欺人或使人空留叹息罢了。反之，如果真的彻底实行了，办了，那当然会带来一定的效益。也就是说，只要我们想到了就立即付诸行动，我们就会很快地有所收获。

同样的道理，在一个公司里，如果我们的员工都能够保持积极主动，时刻把“心动不如行动”永记心中，让工作成为一种追求，这样，纵使面对缺乏挑战或毫无乐趣的工作，也终能获得回报。当新员工养成这种立即行动的习惯时，他就有可能成为企业领导者和部门管理者。那些位高权重的员工就是因为他们以行动证明了自己勇于承担责任、值得信赖。

马林先生在《再努力一点》这本书中曾这样写道："心动不如行动。希望什么，就主动去争取，去促成它的发生。我们无法指望别人来实现我们的愿望，也不能指望一切都已经成熟，然后轻松去摘取果实。永远不会有这样的事情发生，我们要彻底打消这样的念头。"

从这个角度来讲，无论我们做什么事情，我们都要有一种积极行动的意识，我们要相信：成功完全是自己的事情，没有人能促使一个人成功，也没有一个人能阻挠一个人达成自己的目标。只有我们把想要办成的事付诸行动，才能走向成功。

潜能激发：行动打开成功之门

行动是成大事者打开成功之门的钥匙。只坐在那儿想打开人生局面，无异于痴人说梦。只有靠自己的双手，行动起来，才能有成功的可能性。

有一个故事讲的就是一位住在加拿大多伦多的年轻艺术家就是靠他行动起来，从而才走向成功的。

这个故事讲的是在经济大萧条时期，居住在多伦多的这位年轻艺术家的全家几乎全靠救济过日子，这段时间他急需要用钱。此人精于碳素画。他画得虽好，但时局却太糟了。他怎样才能发挥自己的潜能呢？哪有人愿意买一个无名小卒的画呢？

他可以画他的邻居和朋友，但他们也一样身无分文。唯一可能的市场是在有钱人那里，但谁是有钱人呢？他怎样才能接近他们呢？

他对此苦苦思索着。最后他来到了图书馆，从那里借了一份画册，其中有大型企业家的正式肖像。他回到家，开始画了起来。

他画完了像，然后放在像框里。画得不错，对此他很有自信。但他怎样才能交给对方呢？他在商界没有朋友，所以引见是不可能的。但他知道如果想办法与他们约会，他们肯定会拒绝。写信要求见他们，但这种信可能通不过这位大人物的秘书那一关。这位年轻的艺术家对人性略知一二，他知道，要想穿过总裁周围的层层阻挡，就必须投其对名利的爱好。

他决定采用独特的方法去试一试，即使失败也比主动放弃强，所以他立即行动。

他梳理好头发，穿上最好的衣服，来到了某位银行总裁的办公室并要求见见他．但秘书告诉他：事先如果没有约好，想见总裁不大可能。

“真糟糕”，年轻的艺术家说，同时把画的保护纸揭开，“我只是想拿这个给他瞧瞧。”秘书看了看画，把它接了过去，她犹豫了一会儿后说道：“坐下吧，我就回来。”

她马上就回来了。“我们总裁想见你。”她说。

当艺术家进去时，总裁正在欣赏那幅画。“你画得棒极了，”他说，“如果我想把这张画买下来，你打算要多少钱？”年轻人听总裁如此说，悬着的心放了下来，他舒了口气说：“我只要500元。”结果如何呢？他们成交了。

为什么这位年轻的艺术家的计划会成功？就源于他刻苦努力，精于他所干的行业。

他想象力丰富：他不打电话先去约好，因为他知道那样做会被拒绝。

他有洞察力：他能投总裁对名利的喜好，所以选择了他的正式肖像是明智的，他知道这肯定对总裁的口味。

他有进取心：做成生意后，他又请银行总裁把他介绍给他的朋友。

他敢于另辟蹊径：在采取行动前研究市场，认真估计第一笔生意后的事。

还有，最重要的一点就是：他敢于行动，相信行动能够战胜一切。而且最为关键的一点是，这位年轻的艺术家在行动时，充分地应用了他的精神——这种精神就是敢于行动，立即行动的精神。

当然，他在做构想、做计划以及解决问题时，并没有让精神分散，而是灵活地加以运用，从而使自己取得了成功。

那么，作为我们普通的人，应该怎样运用这种精神呢？我教你运用你的精神的秘诀是：先准备好纸笔，即使是一支两块钱的铅笔也无所谓，往往这些廉价的铅笔也会替你带来无限的财富，因为它是使你精神集中的最佳道具。

当你在纸上写出某种想法时，你所有的注意力会集中在思考里，那是因为精神一方面在做着思考，另一方面和思考不一样的事也能显示出来。你在纸上写下所思考的事时，你在心理上也应该写着，你把某一想法写在纸上时，那事会更正确、更长久地记在自己的脑中，这可以当成是一种凭借。

当你一旦养成集中精神使用纸和铅笔的习惯时，你在嘈杂的环境中也能思考，“心情萎靡时，我就执笔写作。”最终他成了诗人，可见他对集中精神的道理是颇具心得的。

有一个人就是应用了这种方法，使他获得了巨大的成功。这个人是一个雅典人，他没有口才，可是他非常敢于思考，敢于行动。有一天开大会，许多人做了精彩的长篇演说，许诺说要办许多大事。轮到这个人发言，他站起来，憋了半天只说出一句话："大家说的事情……我都要做！"但就是这一句话，却赢得了大家热烈的掌声。

所以，即使是坐享其成，守株待兔，也还得去"坐"、去"守"。这从某种意义上说，哪怕是最微小的事情、最简单的事情、最省力的事情，也只有行动，才能让你获得成功。

温馨提示：

如果你希望成为一个快乐的人，那么你需要记得随手关上身后的门，学会将过去的悲伤、错误、遗憾都抛在脑后，尽量向前看。

让自己行动起来

竹子是一节一节长起来的，成功是一天一天努力积累起来的，功夫是一天一天练出来的，事情是一点一点做出来的，行动是靠我们的日积月累所体现出来的。

——谚语

如果在你的事业生涯中，感觉有些事情对你很重要，同时你也很想做到，那就马上让自己行动起来，现在就应该去做，将你的全部能量投入到为成功所做的努力中，这样，结果往往会令你满意。最重要的是，不要考虑失败，不要考虑万一，只要你行动起来，就会有收获。

马萨诸塞州的州长安德鲁在1861年3月3日给林肯的信中写道："我们接到你们的宣言后，就马上开战，尽我们的所能，全力以赴。我们相信这样做是美国和美国人民的意愿，我们完全废弃了所有的繁文缛节。"1861年4月15日那天是星期一，上午他在华盛顿的军队那边收到电报，而第二个星期天上午九点钟他就作了这样的记录：“所有要求从马萨诸塞出动的兵力已经驻扎在华盛顿与门罗要塞附近，或者正在去往保卫首都的路上。”

安德鲁州长说：“我的第一个问题是采取什么行动，如果这个问题得到回答，第二个问题就是下一步该干什么。”

那么，行动的步骤有哪些呢？把它们一一列出来，然后，开始逐项实行。今天马上行动！明天也不能懈怠！每天都要持续行动，起步向前走！这就好像当你要扩展销售业绩，你的行动项目就应该包括增加拜访客户的次数。如果你只拜访了几个客户，那你就应该再多拜访几个，设定每天的目标，并且遵守它。

总之，如果下定决心立刻去做，往往会激发潜能，往往会使你最渴望的梦想能够实现。因为每个人身上都蕴藏着巨大的潜能。普通人只发挥了他蕴藏能力的1/10。与应当取得的成就相比较，我们不过是在沉睡。我们只利用了我们自身资源的很小的一部分，甚至可以说一直在荒废。我们身体里蕴藏的这些巨大潜在力量，等待着我们去发现、去认识、去开发。这种力量，一旦引爆出来，将带给你无穷的信心和能量。

我们前进在人生的道路上时，可能会一次又一次地处于逆境中。久而久之便形成了这样一种生活态度，他们认为自己的人生是艰难的，生活中所有的不顺都跟他过不去，做这样或那样的努力都是毫无用处的，他不可能成为赢家。自此，这个人也就会灰心丧气，认准无论自己怎么做，都不会有好结果。可是，他们没有发现，他们身上那种可以改变自身的力量被封锁了，没能发挥出一丝作用。他没有分辨出这种力量，甚至并不知道这种力量的存在。

杨晓冰正是如此。杨晓冰是一个非常喜欢过休闲生活的人，每当星期六的时候，他就会带着钓鱼竿步行50里到金沙江边去钓鱼，直到星期天的晚上才回来，虽然他看上去精疲力竭，满身污泥，但他却感到快乐无比。

这类嗜好唯一不便的是，他是个保险推销员，有一次，他又来到了金沙江边，就在他准备回家的时候，他突发奇想，在这荒山野地里会不会也有居民需要保险？那他不就可以同时工作又可以在户外逍遥了吗？经过他的调查走访，他果真发现就有这样的人：他们是内昆铁路公司的员工。他们散居在沿线八百公里各段路轨的附近。他可不可以沿着铁路向这些铁路工作人员、农村人员和外来打工的人拉保呢？

杨晓冰就在想到这个主意的当天，就开始让自己行动起来。他向一个中转站的负责人打听清楚以后，就开始着手整理他的投保计划，开始了他的工作。在这个过程中，他没有停下来让恐惧乘虚而入，自己吓自己会使以后认为自己的主意变得很荒唐，以为它可能失败。他也不左思右想找借口，他只是沿着火车铁轨步行下去，一站接一站地去拉保。

杨晓冰沿着他能拉保区域的铁路走了好几趟，那里的人都叫他“步行的杨晓冰”，由于他为人幽默，又好于助人为乐，即使没有人投保，人们也都非常喜欢他。同时，他也了解了外面的世界。不仅如此，他还学会了理发，替当地人免费服务。他还无师自通地学会煮饭。每当到一家的时候，他就会拿出自己随身带的东西，给那家人理发和煮饭，他的手艺当然使他变成最受欢迎的贵客。

而在这同时，他也正在做一件自然而然的事，正在做自己想做的，那就是过着休闲的生活，并从事着他逍遥的工作。

在杨晓冰所处的环境里，从事人寿保险事业，对于一年卖出100万以上的人设有光荣的特别头衔，叫作“百万圆桌”。在杨晓冰的故事中，最不平常而使人惊讶的是：在他把这一计划付诸行动之后，经过他的努力，他一年之内就做成了百万元的生意，因而赢得“圆桌”上的一席地位。假使他在突发奇想时，对于做事没有立即行动，总是处于犹豫不决的状态下，这一切都不可能会发生。

所以，“让自己行动起来”可以影响你生活中的每一部分，它可以帮助你去做该做而不喜欢做的事；在遭遇令人厌烦的指责时，它可以教你不推脱不延误。但是这一刹那一旦错过，很可能就永远不会再碰到。请你记牢这句话：“让自己立即行动起来，成功就属于你！”

潜能激发：现在就去做

如果你在小事方面也犹豫不决，为难下决心而痛苦，害怕选择到错误的方案，那你就要记着："犹豫不决几乎是你能犯的最大的错误。"英国社会改革家乔治·罗斯金说："从根本上说，人生的整个青年阶段，是一个人个性成型和希望受到指引的阶段。青年阶段无时无刻不受到命运的摆布——某个时刻一旦过去，指定的工作就永远无法完成，或者说如果没有趁热打铁，某种任务也许永远都无法完工。"

这是一个不言自明的道理：世上做过的事都是由某些人去做的，这些人有能力去完成它。我们必须独自承担或与他人共同承担的责任依社会结构和政治体制而变更，但唯有一点不会改变：你如果决定了事现在就去做，你的责任就越重。伊甸园中的亚当被发现偷吃禁果之后，把责任推给了夏娃，这是不成熟的表现。夏娃随之又怪罪于骗人的毒蛇，这也是欠成熟之举。当兄弟或伙伴们被叫到一起承认错误时，我们都会说："这不是我的错，是他们让我这么做的，怎么能怪我呢！"也就是这么一句话，就成了我们亘古不变的托词。

事情还远不止于此。这种无意中流露出的不成熟通常会拖延到成年时代。几乎每个人做了错事都会寻找借口。在华盛顿，政客们习惯于用"发生了错误"这种被动语态来逃避谴责。对于责任，谁也没有主动地承担，而对于获益颇丰的好事，邀功领赏者不乏其人，尽管许多从事公益事业的人们都熟知这样一句格言："只要你并不关心谁将受赏，做好事将永无止境。"

归根到底，我们要为自己的行为负责。如果我们选择了一项看起来比较好的方案，就要充满信心地宣布出来，并去全速实行。在这个时候，我们所得到的结果，通常都比长期为难以下决定而痛苦要好得多。这样你就不会为"我就是这种人！"而感到无能为力了，这句话也就不会成为冷漠或可耻行为的借口，你做起事来也就会全方位的考虑。这样，你在做某些决定，例如要不要改换工作，明显的需要多多考虑，而不应该草率决定。但是可以获得的事实情况已得到了，就可以决定，然后就该停止徘徊于利弊之间，才能把全部精力用于实现这个决心。至于小的决定——我们每天都会面对到的各种寻常的决定——一般而言，是下得愈快愈好。如果你要拖延到"全部"异议都克服以后才下决心，你就永远不能做好事情。这种说法虽然有些不够全面，但至少对我们是有帮助的，因为我们不可能永远不变。

成功的人物并不是在问题发生以前，先把它统统消除，而是一旦发生问题时，有勇气克服种种困难。我们对于一件事情的完美要求必须折中一下，这样才不至于陷入行动以前永远等待的泥沼中。当然最好是有逢山开路、遇水架桥那种大无畏的精神。

的确如此，我们怎样定义自己，我们就成为怎样的人。英国哲学家玛丽·麦金莱在《人与兽》中指出："存在主义最精辟、最核心的观点就是把承担责任作为自我塑造的主旨，抛弃虚伪的借口。"19世纪存在主义鼻祖之一索伦·克尔凯郭尔感叹芸芸众生中责任感的丧失。在《作者本人对自己作品的看法》这本书中，他写道：“群体的含义等同于伪善，因为它使个人彻底的顽固不化和不负责任，至少削弱了人的责任感，使之荡然无存。”奥古斯丁在他的《忏悔录》中把这种屈服于同辈压力的弱化的责任感作为对青年时代破坏行为进行反思的主要内容。“这全是因为当别人说‘来呀，一起干吧！’的时候，我们善于后退。”奥古斯丁和亚里士多德及存在主义者都坚持认为人们应对自己的行为负责。缺乏责任感并不能否认责任存在的事实。

当我们决定一件大事时，心里一定会很矛盾，都会面对到底要不要做的困扰，都会面临在行动之前徘徊不定、犹豫不决的局面。

下面的实例就是美国前总统华盛顿的选择，他没有抱怨，而是立即去做，他终于大获成功。

英法等欧洲国家到美洲大陆来开辟自己的新天地，虽然是好事，但同时也带来了很多新的矛盾。由于法国和英国在美洲的领地边界没有得到清晰的确定，野心勃勃的法国军队开始由北南下，渗透到弗吉尼亚这块肥沃的土地。他们不停地蚕食着弗吉尼亚人民的土地，严重地威胁着弗吉尼亚人的利益。这时候，华盛顿和英国皇家著名将军布雷多克同时参与了这场捍卫弗吉尼亚的战争。其中，将军被公认为具有典型而出色的军事素质，富有勇敢的精神和正规作战的经验，理所当然地掌握着军队的大权。而华盛顿则是一个土生土长的弗吉尼亚军人，有勇有谋。他被任命为将军的高级参谋，负责协同将军作战。

然而，问题产生了。对布雷多克将军来说，美洲是一块他完全陌生的大陆，地势不同于欧洲，正规军一旦进入这样的区域，固有的作战传统将完全失去它的效用。华盛顿一再向将军建议要改变传统的队列式进攻，采取灵活的丛林战术。同时，他还主张派熟悉地形的弗吉尼亚地方的士兵作为先头部队，然而布雷多克将军拒绝了。他始终相信自己的判断，认为年轻的华盛顿不值得一提。结果，这一场由英国将军导演的战役遭到了巨大的失败。狡猾的法国人以静制动，以暗制明，把英国军队打得落花流水。尽管布雷多克将军镇定地指挥战争，但是却没有一点成效。他的军队节节败退，自己也身负重伤。

战争失败了，责任问题也随之产生。在随后召开的弗吉尼亚会议上，将军的战术受到批评。可是，在此之前，英国王室对布雷多克将军的评价是：具有高度的责任感，敢于行动，骁勇有谋。一个享有着如此高评价的人为什么会失败呢？这是一种公平还是不公平呢？

这是一种人性上的不公平，但绝对是事实上的公平。战争不容许失误！你必须尽一切力量去避免失误，不仅仅要保持着强烈的责任意识，而且还要有敢于行动的能力，不能因拖延而错过战机。一个敢于行动的人，他是以结果为目标，专注于行动的全过程，致力于提高自己的判断力和行动力。如同华盛顿，他有责任心，也有敢于行动的能力，所以他是比布雷多克将军更优秀的人：不仅是一名优秀的军人，还是一名优秀的总统。

记住：成功不是说出来的，而是靠行动做出来的。一个人只有用事实来证明，拿业绩来体现，就没有人可以质疑你，更没有人可以淘汰你，你永远是百战百胜的优秀将领。

温馨提示：

只有行动才会产生出结果。行动是成功的保证，从古至今，那些伟大的成功者，他们的成功都是从行动上开始的。所以，想好了，就立即行动吧！

立即付诸行动

日日行，不怕千万里；常常做，不怕千万事。

——（清）金樱《格言联璧》

拿破仑非常重视“立即付诸行动”，他知道，每场战役都有非常关键的时刻，只有你在这个时刻立即付诸行动，才能取得战争的胜利，如果你稍有犹豫就会导致灾难性的结局。为此拿破仑说：“我们之所以能打败奥地利军队，是因为奥地利人不懂得立即付诸行动的价值。如果你错过了五分钟，那上帝给你的奖赏就是失败。”据说在滑铁卢企图击败拿破仑的战役中，那个性命攸关的上午，他自己和格鲁希因为晚了五分钟而惨遭失败。布吕歇尔按时到达，而格鲁希晚了一点。就因为这一小段时间，拿破仑就被送到了圣赫勒拿岛上，从而使成千上万人的命运发生了改变。

从此可以看出，立即付诸行动，可以应用在人生的每一阶段。帮助你做自己应该做、却不想做的事情，而且还能让你明白：任何时候都可以做的事情往往永远都不会有时间去做。

我们怎么来理解这段话的意思呢？我们来看一个事例。这个事例说的是有一家非洲协会想派旅行家利亚德到非洲去，当他的朋友得知这件事时，就问他什么时候可以出发。他回答说：“明天早上。”当有人问约翰·杰维斯(即后来著名的温莎公爵)，他的船什么时候可以加入战斗，他回答说：“现在。”科林·坎贝尔被任命为驻印军队的总指挥，在被问及什么时候可以派部队出发时，他毫不迟疑地说：“明天。”

事实上，不管你现在如何，你都应该立即付诸行动，只有你用积极的心态去行动，你就能达到理想的境地。一位成功人士说：“你与其费尽心思地把今天可以完成的任务千方百计地拖到明天，还不如用这些精力把工作做完。而任务拖得越后就越难以完成，做事的态度就越是勉强。在心情愉快或热情高涨时可以完成的工作，被推迟几天或几个星期后，就会变成苦不堪言的负担。”

在生活中，我们何尝不是这样呢！如果在梦想产生的时候，没有立刻行动，可能因为一再犹豫，就会无果而终。许多人都没有具备立即行动的心理，他们做什么事情都是一拖再拖，可是他们是否知道，拖延通常意味着逃避，其结果往往就是不了了之。就像你在收到信件时没有马上回复，以后再捡起来回信就不那么容易了。许多大公司都有这样的制度:所有信件都必须当天回复。假如你一直想给一个人打电话，但由于你有拖延的习惯，你就始终没有打这个电话。但当“立即行动”的警示进入你的意识心理时，你就会立即去打这个电话。假定你把闹钟定在上午6点，然而，当闹钟响时，你睡意仍浓，于是起身关掉闹钟，又回到梦乡中。久而久之，你就会养成早晨不按时起床的习惯。但如果你听从“立即行动”这一指令的话，就会立刻起床，不再睡懒觉。所以，我们做事情要像春天播种一样，如果没有在适当的季节行动，以后就没有合适的时机了。无论夏天有多长，也无法使春天被耽搁的事情得以完成。某颗星的运转即使仅仅晚了一秒，它也会使整个宇宙陷入混乱，后果不堪设想。

“没有任何时刻像现在这样重要，”爱尔兰女作家玛丽·埃奇沃斯说，“不仅如此，没有现在这一刻，任何时间都不会存在。没有任何一种力量或能量不是在现在这一刻发挥着作用。如果一个人没有趁着热情高昂的时候采取果断的行动，以后他就再也没有实现这些愿望的可能了。所有的希望都会消磨，都会淹没在日常生活的琐碎忙碌中，或者会在懒散消沉中流逝。”

对于一个勤奋的艺术家来说，若他不想让任何一个想法溜掉，那么当他产生了新的灵感时，他会立即把它记下来——即使是在深夜，他也会这么做。他的习惯十分自然、毫不费力。一个优秀的人对生活、工作的热爱和立即行动的习惯，就应该像艺术家记录自己的灵感一样自然。

寻找借口的一个直接后果就是抱怨，而抱怨是最具破坏性的、最危险的恶习，它使你丧失了主动的进取心。可悲的是，抱怨的恶习也有积累性，唯一的解决良方，就是要敢于行动。

科学家们总是走在人类认知的前沿，他们的工作就是从发现一个又一个不足的过程中，去拼命地接近真理。他们有的工作充满着风险，甚至对自己的生命都是威胁。然而，如果他们怕某次不确定的因素会导致错误而畏缩不前，可以想象，科学就无法进步了，诺贝尔永远也不会发明炸药了。

做事拖延几乎是失败者共同的特点。如果你存心拖延逃避，你就能找出成打的借口来解释为什么事情不可能完成或做不了，而为什么事情该做的理由少之又少。把“事情太困难、太昂贵、太花时间”种种借口合理化，要比相信“只要我们够努力、够聪明、衷心期盼，就能完成任何事”容易得多。我们不愿许下承诺，只想找个借口。如果你发现自己经常为了没做某些事而制造借口，或是想出千百个理由来为没能如期实现计划而狡辩，那么现在正是该面对现实好好检讨的时候了，别再解释，动手做去吧！

谁在为拖延时间找借口，谁就是在为浪费生命找借口。有些人在要开始工作时会产生不高兴的情绪，如果能把不高兴的心情压抑下来，心态就会愈来愈成熟。而当情况好转时，就会认真地去做，这时候就已经没有什么可怕的了，而事情完成的日子也就会愈来愈近。总之一句话，必须现在马上开始去做才是最好的办法。哪怕只是一天或一个小时的时光，也不可白白浪费。这才是真正积极的人生态度。

潜能激发：拖延是行动的杀手

有很多人在做事的时候总是要等到所有条件都具备了才去行动，殊不知，良好的条件是等不来的，唯有靠行动才能创造有利条件。只要做起来，哪怕很小的事，哪怕只有五分钟，也是一个好的开端，就会带动我们容易地做好更多的事情。

在生活中，我们总是每天都有每天的理想和决断，昨日有昨日的事，今天有今天的事，明天还有明天的事要做。今天的理想，今天的决断，今天就要去做，一定不要拖延到明天，因为明天还有新的理想与新的决断。所以，只有行动才会产生结果。行动是保证。任何伟大的目标，伟大的计划，最终必然落实到行动上。

俄国著名剧作家克雷洛夫说："现实是此岸，理想是彼岸，中间隔着湍急的河流，行动则是架在河上的桥梁。"

拿破仑说："想得好是聪明，计划得好更聪明，做得好是最聪明又最好。"

在我们的身边，我们有着种种计划，若能够将一切憧憬都抓住，将一切计划都执行，那么，事业生涯上的成就不知要怎样的宏大，我们的生命不知要怎样的伟大了。

我们总是有憧憬而不去抓住，有计划而不去执行，坐视各种憧憬、计划幻灭消逝。凡是应该做的事，拖延着不立刻去做，想留待将来再做，有着这种不良习惯的人总是弱者。凡是有力量、有能耐的人，总是那些能够在一件事情还新鲜及充满热忱的时候，就立刻迎头去做的人。

光是知道哪些事是该做的仍是不够的，你还得拿出行动才是。赫胥黎说："人生伟业的建立，不在能知，乃在能行。"用心定的目标，如果不付诸行动，便会变成画饼。

成功开始于心态，成功要有明确的目标，这都没有错，但这只相当于给你赛车加满了油，弄清前进的方向和线路，要抵达目的地，还得把车开动起来，并保持足够的动力。

希望大家不要忽视这些教诲，更要去实践它，因为知道是一回事，去做又是另一回事。"只是你们要行道，不要单听道，自己哄自己。因为听道而不行道的人，就像人对着镜子看自己本来的面目，看见，走后，随即忘了他的相貌如何。"

伟大的艺术家米开朗琪罗曾看着一块雕坏了的石头说："这块石头有一个天使，我们必须把她释放出来。"成功的画家盯着画布说："里面有一幅美丽的风景，等着我把它画出来。"企业家说："我有很好的创业理念和理想，我一定会做到，它等着我将它达成。"我们自己呢？我们往往都只是看见理想或是梦想，却从不采取行动。为什么不采取行动？因为我们总是在拖延，让自己束缚了自己的命运。这就好像我们身体有病却拖延着不去就诊，不仅身体上要受极大的痛苦，而且病情还可能恶化，甚至成为不治之症。

所以，如果你只是在那儿"想"成功，那么成功就一辈子也不可能来到你身边。不相信你可以去问问那些大马路上乞讨的乞丐，他们想不想成功，他们肯定也是希望成功的，希望自己能够成为富翁，希望自己每天都能悠闲地喝着茶；你也可以去问问那些在大街上奔走的忙忙碌碌的人们，他们想不想月收入10万，他们当然也想；你还可以去问问在等公共汽车的上班族，他们想不想有自己的奔驰，他们自然想。可他们为什么得不到自己所想要的一切呢？这其中一定有一个原因是因为他们都只“想”而没有行动。现实又不是魔法，可以让你心中想想就心想事成的。“想”终归只是“想”。

在阿凡提的故事中，有这样一个笑话：有一个巴依老爷，他有一枚鸡蛋，看着这枚鸡蛋，他就在想：真棒，鸡蛋可以孵出小鸡，小鸡长大了还可以下更多鸡蛋，更多的鸡蛋就孵出了更多小鸡，鸡又会生蛋，蛋生鸡，鸡生蛋……啊！光是想着，自己的面前就好像看到了白花花的金币，自己住上了华丽的宫殿……

突然“啪”的一声，鸡蛋掉在地上，碎了，最终他一切梦想都变成了幻想和泡影了。

想想看，这是多么可笑的一件事。但是生活中，很多人都间接地这样做着。

是什么阻碍了空想家成就事业？难道只是因为对“开始”的畏惧？或是对失败的担忧？或是因为空想家不够聪明、缺乏智慧、能力欠缺，还是运气不佳？而究竟又是什么使得行动者能够去做，从而成就了令人满意的事业，而空想家却注定了一个又一个的失败？答案很简单，哦！不过，也很深奥。

给予行动者动力的，同时也是阻碍空想家进步的，都是同样一件事物：注意！我是谁？我是你的终身伴侣，我是你最好的帮手；我也可能成为你最大的负担。我会推着你前进，也可以拖累你直至失败。

我完全听命于你，而你做的事情中，也会有一半要交给我，因为我总是能快速而正确地完成任务。我很容易管理——只要你严加管教。请准确地告诉我你希望如何去做，几次实习之后，我便会自动完成任务。

我是所有伟人们的奴仆；唉！我也是所有失败者的帮凶。伟人之所以伟大，得益于我的鼎力相助；失败者之所以失败，我的罪责同样不可推卸。

我不是机器，除了像机器那样精确地工作外，我还具备人的智慧。你可以利用我获取财富，也可能由于我而遭到毁灭——对于我而言，二者毫无区别。

抓住我吧！训练我吧！对我严格管理吧，我将把整个世界呈现在你的脚下。千万别纵容我，那我会将你毁灭。我是谁？我就是你的意志，就是你的行动。行动是成大事者打开成功者大门的钥匙。只坐在那儿想打开人生局面，无异于痴人说梦，只有靠自己的双手，行动起来，才有成功的可能性。

温馨提示：

一个立即付诸行动的决定，并得以坚持不懈，它所迸发出来的力量是巨大的。如果你也能激起这股力量，并下定决心去行动，有着不达目的誓不休的态度，那么你将会创造出惊人的事来。

还想什么，立即行动

天下无难事，只怕有心人。天下无易事，只怕粗心人。天下无路远，只怕长行人。

——韩建

有些人所以不能成就大事，是因为他们没有把行动的力量发挥出来。人有两种能力，思维能力和行动能力。没有达到自己的目标，往往不是因为思维能力，而是因为行动能力。

有这样一则寓言，讲的是在偏远的地区有两个和尚，其中一个贫穷，一个富有。有一天，穷和尚对富和尚说："我想到南海去，你看怎么样？"

富和尚说："您凭借什么去呢？"

穷和尚说："我有一个水瓶、一个饭钵就足够了。"

富和尚说："我多年来就想租条船沿着长江而下，现在还没做到呢，你凭什么去。"

第二年，穷和尚从南海归来，把去过南海的事告诉了富和尚，富和尚深感惭愧。

穷和尚与富和尚的故事说明成功与失败的分水岭在于：前者在于行动，后者在于动口，却又抱怨别人不肯助力。很多人都知道哪些事该做，然而真正身体力行去做的人却不多，乐观而没有积极的行动来配合，就只是一种自我陶醉。

每个人都可能经历过这样的事情。为了按时上学，假如你把闹钟定在早晨6点。然而，当闹钟闹响时，你睡意仍浓，于是起身关掉闹钟，又回到床上睡觉。久而久之，你会养成早晨不按时起床的习惯，同时，你又会为上学迟到而寻找借口。

立即行动！这句话是最惊人的自动启动器。任何时刻，当你感到拖延苟且的恶习正悄悄地向你靠近，或当此恶习已迅速缠上你，使你动弹不得之际，你都需要用这句话来提醒自己。

如果你亲眼看过美国海军陆战队员的背包，那足以让你大吃一惊。在海湾战争的沙漠中，每个身穿防化服的士兵全身负的总量高达100公斤，即使是在阿富汗战场上，每个士兵的平均负重，最少的时候也有13～43公斤。

就是在这样超负荷的情况下，陆战队员还是实现了快速行动。解决这个问题的办法就是：所有队员，无论军官还是士兵，每天都要早起训练，在全副武装的情况下跑步5公里以上。即使是高级指挥官也不能例外，人人都必须保持超强的体能！

唯一的原因就是，快速行动对陆战队不仅重要，而且必不可少。根据生命的定律，命运的门关闭了，信仰会为你开启另一道门。所以我们应该积极寻找一道敞开的门；而在幸运之门前向你招手的，就是“行动”。只有不停地从事有意义的行动，我们才能从挫折、不幸境遇中解放出来。

艾德·佛曼，一位著名的演讲家，而且还是美国的众议员。在一次演讲中，他说，人们现在得了一种怪病，这种怪病叫“总有一天综合征”，犯了这种病的人，每天想的都是总有一天会怎样怎样，也许有一天会怎样怎样。

“总有一天我会长大，我会从学校毕业并参加工作，那时，我将开始按照自己的方式生活……总有一天，在偿清所有贷款之后，财务状况会走上正轨，孩子们也会长大，那时，我将开着新车，开始令人激动的全球旅行……总有一天我会考虑退休，我将买辆漂亮的汽车开回家，并开始周游我们伟大的祖国，去看一看该看的东西……总有一天……”

总有一天，总有一天，将自己的希望放在某个不确定的未来，未来是要依靠今天来决定的，如果今天你还不行动，不为自己的理想努力，那么理想永远只能是理想，永远不可能走向成功。

很多人都知道哪些事该做，然而真正力行去做的人却不多。乐观而没有积极的行动来配合，就只是一种自我陶醉。

放着今天的事情不做，非得留到以后去做，其实在这个拖延中所耗去的时间和精力，就足以把今日的工作做好。所以，把今日的事情拖延到明日去做，实际上是很不合算的。有些事情在当初来做会感到快乐、有趣，如果拖延了几个星期再去做，便感到痛苦、艰辛了。比如写信就是一例，一收到来信就回复，是最为容易的，但如果一再拖延，那封信就不容易回复了。因此，许多大公司都规定，一切商业信函必须于当天回复，不能让这些信函搁到第二天。

命运常常是奇特的，好的机会往往稍纵即逝，有如昙花一现。如果当时不善加利用，错过之后就追悔莫及。

决断好了的事情拖延着不去做，还往往会对我们的品格产生不良的影响。唯有按照既定计划去执行的人，才能增进自己的品格，才能使他人敬仰他的人格。其实，人人都能下决心做大事，但只有少数人能够一以贯之地去执行他的决心，而也只有这少数人是最后的成功者。

一个神奇美妙的幻想突然跃入一个艺术家的思想里，迅速得如同闪电一般，如果在那一刹那间他把幻想画在纸上，必定有意外的收获。但如果他拖延着，不愿在当时动笔，那么过了许多日子后，即使再想画，那留在他思想里的好作品或许早已消失了。灵感往往转瞬即逝，所以应该及时抓住，要趁热打铁，立即行动。

潜能激发：全力投入行动

有一种人是典型的完美主义者，他们觉得没有人能做得比他们好，所以不懂得授权给别人。他们认为自己比别人都好，因此也拒绝别人的建议，不要求任何协助。他们会无限地延长工作完成的时间，因为他们需要多一点时间让它更完美，而忽视别人的需要。他们以为只要他们一直在做事，就表示还没有完成；只要还没有完成，他们就可以避免别人批评。完美主义让人们觉得，即使他们什么事都没做，也还是比别人优秀。

当卡耐基决定将钢铁的单价从每吨140美元降到20美元作为他进入钢铁业的目标时，曾受到许多人的嘲笑。而当卡耐基达到他们的目标时，那些曾经嘲笑他的人连一毛钱都没有赚到。

每当你完成一件工作时就应做一番反省：这是我能取得的最好成绩吗？我应该怎样做才能做得更好？我为什么不现在就使自己更进步？我是否能够发挥个人进取心，应视我对于每一次机会的觉醒程度，以及我是否能在发现机会时就立即行动？事实上，任何人只要全力投入行动，你就能取得成功。

秦朝末年，各地农民起义军纷纷揭竿而起，他们起义的目的就是要推翻秦朝的暴虐统治。项羽的部队也是其中的一支大军。

有一年，秦国的三十万大军包围了原赵国的巨鹿，也就是现在的河北省平乡县。面对如此紧急的局面，赵王连夜向楚怀王求救。楚怀王派项羽为将军，率领二十万大军去救赵国。项羽先派出一支部队，切断了秦军运粮的道路，他亲自率领主力过漳河，解救巨鹿。

楚军全部渡过漳河以后，项羽让士兵们饱饱地吃了一顿饭，每人再带三天干粮，然后传下命令：把渡河的船全部沉入河里，把做饭的一切锅具全部砸碎，把附近的房屋放火全部烧掉。在做完这一切之后，项羽告诉他的士兵，如果想要这些东西，想要生活就得到秦军那里去取。同时他的这种做法，也表示了他们的处境是毫无退路的，只有夺取胜利，才能有活下去的希望。总之，项羽就是用这种办法来表示他有进无退、一定要夺取胜利的决心。

楚军士兵见主帅的决心这么大，就谁也不打算再活着回去。在项羽亲自指挥下，他们以一当十，以十当百，拼死地向秦军冲杀过去，经过连续九次冲锋，把秦军打得大败。秦军的几个主将，有的被杀，有的当了俘虏，有的投了降。这一仗不但解了巨鹿之围，而且把秦军打得再也振作不起来，两年后，秦朝就灭亡了。

此后，项羽的英名传遍了天下。

这个破釜沉舟的故事告诉我们：不要给自己留下所谓的退路，那样才能把全部精力都投入到当前的行动中，行动才可能会成功。

所以，如果你心中有一种阻碍意识，这种阻碍的潜意识就会支配你的行动，就会使你的行动受阻，而不是全力以赴地解决问题、争取胜利，你的头脑似乎变得呆滞了，往往忘记你想要说什么话，做什么事，你会发现自已逃避所要做的事，白白地浪费了时间，更不用说去积极行动了。

有一个野心勃勃却没有作品的作家说："我的烦恼是日子过得很快，一直写不出像样的东西。"他说："你看，写作是一项很有创造性的工作，要有灵感才行，这样才会提起精神去写，才会有写作的兴趣和热忱。"

说实在的，写作的确需要创造力，但是另一个写出许多畅销书的作家却告诉人们："我写作的秘诀就是运用'精神力量'。我有许多东西必须按时交稿，因此无论如何不能等到有了灵感才去写，那样根本不行。一定要想办法推动自已的精神力量。方法如下：我先定下心来坐好，拿一支铅笔乱画，想到什么就写什么，尽量放松。我的手先开始活动，用不了多久，我还没注意到时，便已经文思泉涌了。当然有时候不用乱画也会突然心血来潮。但这些只能算是红利而已，因为大部分的好构想都是在进入正规工作阶段以后得来的。"

"明天""下个星期""以后""将来某个时候"或"有一天"，往往就是"永远做不到"的同义词。有很多好计划没有实现，只是因为应该说"我现在就去做，马上开始"的时候，却说了"我将来有一天会开始去做。"

如果你时时想到"现在"，就会完成许多事情；如果常想"将来有一天"或"将来什么时候"，那就将一事无成。

我们可以用储蓄的例子来说明。人人都认为储蓄是件好事。虽然它很好，却不表示人人都会依据有系统的储蓄计划去做。许多人都想要储蓄，却只有少数人才真正做到。

有一对年轻夫妇的储蓄经历。毕尔先生每个月的收入是1000美元，但是每个月的开销也要1000美元，收支刚好相抵。夫妇俩都很想储蓄，但是往往会找些理由使他们无法开始。他们说了好几年："加薪以后马上开始存钱""分期付款还清以后就要……""渡过这次难关以后就要……""下个月就要"、"明年就要开始存钱"。

最后还是他太太珍妮不想再拖，她对毕尔说："你好好想想看，到底要不要存钱？"他说："当然要存！但是现在省不下来呀！"

珍妮这一次下定决心了。她接着说："我们想要存钱已经想了好几年了，由于一直认为省不下，才一直没有储蓄，从现在开始要认为我们可以储蓄。我今天看到一个广告说，如果每个月存100元，15年以后有18000元，外加6600元的利息。广告又说：'先存钱，再花钱'比'先花钱，再存钱'容易得多。如果你真想储蓄，就把薪水的10%存起来，不可移作他用。我们说不定要靠饼干和牛奶过到月底，但只要我们真的那么做，就一定可以办到。"

他们为了存钱，开始几个月当然吃尽了苦头，尽量节省，才留出这笔预算。现在他们觉得"存钱跟花钱一样好玩"。

想不想写信给一个朋友？如果想，现在就去写。有没有想到一个对生意大有帮助的计划？马上就去实行。时时刻刻记着本杰明·富兰克林的话："今天可以做完的事不要拖到明天。"只有行动才能开创美好的明天。

温馨提示：

成功需要我们把计划果断地落实于行动之中，如果等到所有的条件完美以后才去做，那么，我们只能永远地等下去，成功也不会光顾我们。

从空想家转变为行动者

一千个空想不如一个行动，任何的梦想都必须靠行动才能实现。

——罗小洋

从空想家转变为行动者的第一步至关重要，就是“每天都尝试着去做一些你原本不喜欢的事。”乍一看，这一建议似乎不合逻辑，不仅有点儿冒傻气，还带着点自虐的意味。然而，我第一次看这句话的时候，便感受到了它所蕴含的智慧。

成功的人物并不是在问题发生以前，先把它统统消除，而是一旦发生问题时，也有勇气克服种种困难。我们对于一件事情的完美要求必须折中一下，这样才不至于陷入永远等待的泥沼中。当然最好是有逢山开路、遇水架桥的那种大无畏的精神。

行动的最好方法，就是要马上去做，立刻去做，不论从哪个角度看，这都是一句真理。

有这么一个人，他家发了大水。就在水马上就要漫过他家前厅的门槛时，开着四轮卡车路过的邻居好心地表示，他可以载上这位老兄到一个安全的地方。但是，这个友好的提议马上遭到了断然拒绝，这位老兄的理由是上帝绝不会袖手旁观的。随着水面不断升高，他不得不爬到了屋顶上，这时，一条小船驶过并表示可以把受难的这个人带到安全的地方。提议再次遭到了断然拒绝，理由仍然还是对上帝的信念。

水面还在不断升高，已经漫过了屋顶，眼看这个人就要一命呜呼了。就在此时，一架直升机飞过，并抛下了一根绳子来营救几乎已淹在水中的这个人。但是，他又一次断然拒绝了营救，拒绝去抓住救命的绳索，理由同样是对于上帝的忠诚信念。

就在死亡即将来临之际，这个人绝望地抬起头，对着上天呼喊道："上帝呀！我如此忠诚地相信你会来拯救我，可是，你为什么没有呢？"

突然，一个来自天堂的声音说道："你究竟想让我怎么做？我派去了一辆卡车、一条船、甚至一架直升机！"

这个故事虽然不可信，但是它给了我们这样的启示：无论什么人，若想走成功之路，只要机会出现就要立即采取行动，而且在采取行动时，还要注意：不要让你的精神役使你，而要想法子运用精神。

只有行动与心灵相随，人生才会有永无止境的进步。

潜能激发：行动比构想好得多

社会上，有能力的人非常多，而且大多数人走向了成功。而这些人成功的真正原因中，有一个不可缺少的要素就是“行动的能力”。不管你是经营事业、推销产品、研究科学或是在公司任职，各行各业中，成功的必要条件都是“行动”，也就是做一个能够自动自发的人。

光是有好的构想是不够的。哪怕只有一个构想，但是能够积极地实行这仅有的一个构想，总比有很多构想而不去实行来得好。

世界上有两种人：空想家和行动者。空想家们善于谈论、想象、渴望，甚至于设想去做大事情；而行动者则是去做！你现在就是一位空想家，似乎不管你怎样努力，你都无法让自己去完成那些你知道自己应该完成或是可以完成的事情。不过，不要紧，你还是可以把自己变成行动者的。

那么，如果你仍然还只是一位空想家，怎样才能变成一位行动者呢？这一转变究竟又是什么？又如何才能发生呢？首先让我们仔细看看，什么是空想家与行动者，两者又有怎样的区别。

行动者比空想家做得成功，就在于行动者一贯采取持久地、有目的的行动，而空想家则很少去着手行动，或是刚开始行动便很快松懈了。行动者具备有目的地改变生活的能力。他们能够完成非凡的事业：不论是开创一家自己的公司、写作一本书、竞争政府官员，还是参加马拉松比赛，或者其他事业。而与此形成鲜明对比的便是，空想家只会站到一边，仅仅是梦想过这些而已。

要想梦想成为现实，就得拿出一些真正的行动来，改善你的人生、改善你的生活。

第二次世界大战之后不久，品席第先生进入美国邮政局的海关工作。他很喜欢他的工作，但5年之后，他对于工作上的种种限制，固定呆板的上下班时间、薪水以及靠年资升迁的死板人事制度（这使他升迁的机会很小）愈来愈不满。他突然灵机一动：他已经学到许多贸易商所应具备的专业知识，这是他在工作中耳濡目染的结果，为什么不早一点跳出来，自己做礼品玩具的生意呢？他认识许多贸易商，他们对这一行许多细节的了解不见得比他多。

自从他想创业以来，已过了10年，直到今天他依然规规矩矩地在海关上班，依然对现实不满意，依然每天都在想着自己的玩具生意。但是，只是想着，10年以来，他没有为自己的理想做过一件事，所以他仍在“想”，也仅是在“想”。

10年前，还记得你在做什么吗？当时有没有人问过你，10年后你的理想是什么？你的回答也许很多很多，然而10年后的今天，我们看一看，当初你所做的承诺兑现了吗？实现了吗？假如没有的话，再请你想一想，10年后你要做什么？假如你还不愿下定决心的话，这个10年也很快就会过去，到时你仍是一事无成。你的人生中有多少个10年，就在一眨眼中不见了，你这辈子也许只能在平平淡淡中浪费着生命。千万不要幻想，千万要下定决心，因为你的人生取决于你的决定。

人们谈到命运时，常常把它当作一个近乎神秘的词语，认为命中注定了成功由无形的力量控制着。即使是现代人，20世纪的很多成功人士，也有某种命运感，尽管他们没有什么人是命中注定的。一位著名的高尔夫球手，22岁赢得1979年全英公开赛冠军时说，胜利属于他的命运。我们称之为命运的东西，其实是极为明确的目标的结果。

虽然不能证明这一点，但没有一个温布尔登或英国足协杯的冠军得主不是从童年时代起就开始了自己那种艰苦地锻炼，为了自己想要达成的梦想而努力。不可否认，某些天才人物有时会将他们取得的重大成功归功于幸运或竞技状态的超常发挥，但深入地挖掘一下，你就会发现，他们每天不停地锻炼，早已无意中为他们播下了成功的种子。

面对你的工作，你的事业，有的时候你会心情紧张，担心自己做不好，总感到没有信心。出现这些情绪和想法是正常的，因为你有自己希望达到的目标，紧张和担心正是伴随着这个愿望出现的，这个愿望越强烈，你的紧张和担心就会越明显。并且这些紧张和担心不以你的主观愿望为转移，越想消除越消除不掉。如果将精力花费在消除紧张或为紧张和担心而苦恼的话，不仅浪费时间而且与希望背道而驰。相反，行动却由我们支配，况且唯有行动才有可能实现我们的目标。所以想法和行动是两回事，需要分别对待。当你紧张时，担心没有希望时，只要将它看成仅仅是另外的一种情绪和想法而已，将精力投入到扎实的学习中，利用好每一分钟，做些实实在在的事情，比如一道习题、一个单词。想实现你的目标，紧张担心没有用，只有投入到每天的学习和工作中，才有可能实现你的愿望。

温馨提示：

要选择好自己的航行方向，如果所选择的方向错了，不但会浪费时间，还会使人生感到迷茫，所以在对自己定位时，应该量力而行，紧紧把握住自己行动的方向，并努力去追寻。

第五章
成功属于行动的人

每一个人都要认识到他们的每一次行动都是一次赢得时间、赢得金钱的行动。一开始就抱有退却的念头，如果不是准备不足，那就只能是意志力薄弱的表现。如果真是如此，那就趁早取消这次行动。立即行动！这是最好的自动启动器。不管什么时候，如果觉察到拖拉的恶习正在侵袭你，或者这种恶习已经缠住了你，立即行动这四个字就是对你的最好提醒。

成功属于大胆行动的人

我们要想获取成功，就必须抓住适当的机会，而把握机会的秘诀则是快速的行动与准备。所以，每一个希望自己成功的人，必须要把立即行动作为自己的座右铭。

——马林

行动能够让人增强成功的信心，不行动只会带来恐惧、失败，克服恐惧和失败的最好办法就是行动。这正如韩娜在《为自己奋斗》一书中所说：“一个人要想得到发展，除了能干、会干外，还要会表现，但更重要的还要会行动。一个人只有采取积极的行动才能带来积极的效果。在职业生涯中，如果你为公司创造了真正的价值，你必将获得回报，但并不是马上得到。”

已经63岁的查尔斯·菲莉比亚，决心从纽约市徒步走到佛罗里达的迈阿密。

到达迈阿密时，记者访问她，为何有勇气徒步走完全程。她回答说："走一步需要勇气，毕竟成功属于敢于行动的人。就是这样，只要你敢于行动，当你迈出第一步时，你再走一步，就这样一直走下去，结果就到了，关键是你敢不敢行动，敢不敢迈出第一步。"

"是的，你必须走出第一步。不论你用多少时间思考和研究，都要在行动之后才会有效果。而重要的是在你设定目标之后，如何跨出第一步。"

詹姆斯是一家私营公司的老板，也算是事业有成者。他有一个极好的朋友，有一次，朋友给他提了两个问题：第一个问题是"如果你17岁那年接受了父母安排的第一次婚姻，那么你现在会是一种什么样的情景？"

詹姆斯十分坦诚地告诉他的朋友，此时也许成了两个孩子的父亲，学会了抽草叶子烟，还会在农闲季节和乡邻在一起赌钱、喝酒度光阴，为老婆孩子热炕头而津津自乐。

朋友的第二个问题是"如果你27岁那年，不放弃你的教师职业决心考研，仍然做一个乡村教师，那么你现在又是怎样的情景呢？"

詹姆斯仍然很直率地告诉朋友，在教师职位上，他将终生一事无成！因为他缺乏做教师的敬业精神，其次是他当教师的地方极缺乏一种整体氛围，把"教师"作为"饭碗"者居多，作为职业的观念与行为者较少，在这种环境中，很难成就大事。

詹姆斯之所以是现在的詹姆斯，而不是原先的那个詹姆斯，究竟是什么决定的呢？要知道在他的人生轨迹中，每一步都完全可以促成另外的一种人生风景，究竟是什么起决定作用？

答案只有一个，那就是遵循自己的决定，立即行动。

我们常常习惯于对自己的悔悟，却疏于从悔悟中拿出勇气和生活的动力去决定人生的方向。尽管很多人都知道牢骚没有用，愤慨和自怨也没有用，但就是在应该拿出决定的时刻畏缩了！就是在应该行动的时候却止步不前了！事实上，只要你行动了，成功就属于你。

汤姆是一名30多岁的普通员工，收入不高却得养活太太和孩子，生活的重担让他活得并不轻松。他每天努力地工作，却舍不得吃一顿像样的中饭。

他们全家住在一间小小的公寓里，每天都渴望着拥有一套自己的新房子：有较大的空间，比较干净的环境，小孩能有地方玩耍，而这房子就是他们的一份产业。可是买房子对于收入本来不高的汤姆来说太不容易了，光一笔数目不小的首付款就让他无能为力。

当汤姆签付下个月房租支票的时候，心中总是很不痛快，因为每月房租和新房的分期付款差不多。于是汤姆有了一个主意，他对太太说："我们去买一套新房子，你看怎么样？"

"你是在开玩笑吗，我们哪有能力，连首付款都付不起。”妻子尖叫着，不知道为何丈夫会有这么奇怪的想法。但是汤姆已经下定了决心，他说：“在这个城市，跟我们一样想买新房的夫妇大约有几十万，其中有一半，只有一半能如愿。一定是什么事情让他们打消了这个念头。我们只有行动起来，才知道怎么去做。虽然我现在还不知道怎么凑钱，可是一定能想出办法。”妻子听着丈夫如此坚决，就不再出声了。

说干就干。一个礼拜之后，汤姆真的找到了一套非常喜欢的房子，虽然不大但是足够居住了。可是这房子首付就是10万美元。于是接下来的日子他为了这笔钱到处奔走。他的朋友、同学、亲人、同事，他没有遗漏一个能借钱给自己的人。可是不管他如何苦思冥想，只凑齐了8万美元。

当一切可能都因为首付款的问题而被搁置，他突然又来了一个灵感，他想找开发商洽谈，向他们借款。当销售人员第一次听了他的想法，感觉吃惊。因为之前从没有人提出过这样的要求。经过一再沟通，开发商竟然真的同意2万元借款并以每月2千元的方式偿还。

就这样，首付款终于有了，他们可以住进自己的房子了。可是每一月的分期付款也是一个难题。汤姆的薪水捉襟见肘。为了还得起分期付款，他向老板要求加薪水。他对老板说明了自己的境遇，并保证公司的事他会在周末做得更好。老板被他的诚恳和决心感动，于是也答应让他周末加班，并付给他一份额外的工资。一切似乎都很顺利，汤姆过了不久就搬进了新家，看着宽敞和明亮的新房，夫妻俩相视而笑。

我们只要有了好主意就要马上行动，成功总是躲在困难之后，我们要做的就是用力拨开成功道路上的荆棘。不要害怕已知和未知的困难，要相信自己总能想出解决的办法。如果自己去做了，一定会有所收获，如果能解决问题和克服困难，一定能得到我们想要的。

潜能激发：行动高于一切

只要我们认识到行动高于一切，我们就能做到希望什么，就主动去争取，去促成它的发生。我们无法指望别人来实现我们的愿望，也不能指望一切都已经成熟，然后轻松去摘取果实。永远不会有这样的事情发生，我们要彻底打消这样的念头。

如果想完成一件事情，我们就得立刻动手去做，空谈无济于事。每个人都会有自己的理想和目标。但是我们很多人都只是想一想，并没有付诸行动，结果一切都无法实现，空谈没有任何意义。一个人的一生中，行动决定一切，行动高于一切。一个敢用行动挑战不可能的人才是成功的人。

乔格尔家拥有大量的土地。在乔格尔16岁的时候，他的父亲去世了，管理家产、经营家产的重担落在了乔格尔的肩膀上。在18岁的时候，他开始按照自己的想法对家园进行了大规模有力地改造，结果取得了很大的成就。

那时的农业还处于极为落后的状况。广阔的田地还没有圈起来，农夫也不知道如何灌溉和开垦土地。农夫们工作虽然很辛苦，但是生活依旧十分贫困，他们连一匹马都养不起。

在乔格尔的家乡，当时连一条像样的路也没有，更不用说有什么桥了。那些买卖牲口的商人要到南边去，只得和他们的牲口一起游过河。一条布满岩石的羊肠小道挂在海拔数百米高的山上，这就是通往这个村庄的主要通道。

农夫要进出村子都非常困难，更不用说和外界进行贸易了。乔格尔意识到，要想使生活有所改变，就得先改变生活了多年的环境。他决心要为村子修建一条方便快捷的道路。当老者们知道了这个年轻人的想法后，都嘲笑他异想天开，不知道天高地厚。几乎没有人支持他，也没有人相信他能修出一条路来。

乔格尔没有因为别人的嘲笑而放弃，他召集了大约2000名的劳工，在一个夏日的清晨，就和劳工们一起出发，他以自己的实际行动鼓舞着大家。经过了长达2年的艰苦劳动，以前一条仅仅只有6英里长的充满危险的小道，变成了连马车都能顺利通行的大路。

村子里的人看着眼前的大路，不得不为自己的无知而羞愧，也为年轻人的毅力和能力而折服。乔格尔没有就此停止自己的行动，他后来修建了更多的道路，还建起了厂房，修起了桥梁，把荒地圈起来加以改良、耕种。他还引进了改良耕种的技术，实行轮作制，鼓励开办实业。大家都很奇怪这个年轻人永远有着别人想不到的主意。

过了几年，在乔格尔的带领下，这个曾经一度很贫穷的小村庄变成了这一带有名的模范村。原本吃饭都成问题的农夫，成为拥有一定产业的“有钱人”。乔格尔也成为大家敬佩的带头人。他不甘于安逸享乐的生活，致力于开创性的事业，后来成了英国议会会员。

事实上，我们并不缺少成功的机会，缺少的只是把自己的想法付诸行动的勇气。如果我们能积极行动起来，就能得到梦想的东西。一个人即使有了创造力，有了智慧和才华，拥有了财富和人脉，还有了详细的计划，如果不懂得去使用这些资源，不愿意或者不敢采取行动，那么这一切都只能说是对这一潜能的最大浪费。

看看那些走南闯北，行商坐贾的血液里流动着商人特有的“立即行动”的因子，他们总是在不断地寻找机遇，探求商机，知难而进，四处出击，这与中国的文化传统是格格不入的。中国的文化传统是“随遇而安”“安身立命”“知足常乐”，这些往往是传统的中国知识分子所信奉的行为准则。也正是这些准则，常常使知识分子故步自封，作茧自缚，成为超越自我的一种障碍。知识分子一方面希望能体现自身的价值，体现知识的价值；另一方面又不能破釜沉舟，独闯天下，立命商界。因此，在市场经济大潮下，一些知识分子表现出一种不平衡的心态，他们既渴望成功，又害怕失败，缺乏果断行动，抱怨商人文化素养、道德素养差，但又不愿意用自己的行动去改变。

“生活中有一条颠扑不破的真理，”英国哲学家约翰·密尔说，“不管是最伟大的道德家，还是最普通的老百姓，都要遵循这一准则，无论世事如何变化，也要坚持这一信念。它就是，在充分考虑到自己的能力和外部条件的前提下，进行各种尝试，找到最适合自己做的工作，然后集中精力、全力以赴地做下去。”

他把勤奋工作看成是一个人拥有真正生活的保护神。在他去世前几年，当被问及用一句简单的话概括生活的准则时，他说：“这条准则可以用一个词语表达：行动。行动是生活的第一要义；不行动，生命就会变得空虚，就会变得毫无意义，也不会有乐趣。没有人游手好闲却能感受到真正的快乐。对于刚刚跨入社会门槛的年轻人来说，只是三个词语：行动，行动，行动！”

总之，只要我们下定决心去行动，去做，我们就能把任何一件事做好，就能使我们最热切的梦想成为现实。只要我们下定决心去做，我们就能鼓起劲来，努力工作。如果我们只望着山顶，糊里糊涂地往上爬，不管前进路上的岩石，那么，我们也不可能到达山顶。所以，我们只有注意眼前的路，加快行动的步伐，才能尽快地到达山顶。

所以，我们要做一个敢于行动、善于行动的人，把眼光放在最终目标上，清楚自己在前进的道路上该做什么不该做什么，然后把自己的一腔热情和活力投入其中。行动高于一切，希望什么就主动去争取，只要不断地行动，就不会失败。

温馨提示：

如果事情对你很重要，同时你也很想做到，那建议你现在就开始做，现在就开始行动起来，将你的全部能量都投入到为成功所做的努力中，这样，结果往往是会令你满意的。最重要的是，不要考虑失败，不要考虑万一，只要行动起来，你就会有收获。

下定决心立刻去行动

你们认为我是命运之子，实际上我却在坚持创造着自己的命运。

——爱默生

对于一个即将采取行动的人，我们只能这样说："人生取决你是否能下定决心立刻去行动，而不是遭遇的境况。"成功多属于那些能很快做出决定，却又不轻易改变决定的人。失败也属于那些很难做出决定，却又经常改变决定的人。一旦你仔细思索而做出决定，那就义无反顾去行动，并且坚持到底吧！

荀子说："骐骥一跃，不能十步；驽马十驾，功在不舍。""滴水石穿，绳锯木断。"这些古训在告诉我们：成功贵在坚持，要取得成功就要义无反顾地去行动，就要坚持不懈地去努力。很多人的成功，也是饱尝了许多次的失败之后得到的，我们经常说什么"失败乃成功之母"，成功诚然是失败的奖赏，但却也是对能够坚持者的奖赏。

古往今来，那些成功者们不都是依靠坚持而取得成就的吗？被鲁迅誉为“史家之绝唱，无韵之《离骚》”的《史记》，其作者司马迁，享誉千古的文史巨匠，可是他这么大的成就是在什么情况下所取得的呢？汉武帝为了一时的不快阉割了堂堂的大丈夫，那是多么大的耻辱啊，而且这给他带来的身心伤害是多么的巨大！我们这些正常活着的人是无法想象的。从此，他只能在四处不通风的炎热潮湿的小屋里生活，不能再无畏地欣赏太阳花草，换一个人简直就活不下去了。司马迁也曾想过死，对于当时的他来说，死是最容易的解脱方法了。可是他还有梦呀，他的梦想就是写一部历史的典籍，把过去的事记下来，传诸后世，别让历史把一切都淹没了。为了这个梦，他坚持了下来，坚持着忍受身体的痛苦，坚持着忍受别人歧视的目光，坚持着在严酷的政治迫害下活着，发愤继续撰写《史记》，并且终于完成了这部光辉著作。

他靠的是什么？靠坚持。要是他在遭受了腐刑以后，丧失了一切斗志，不坚持写《史记》，那么我们现在就再也看不到这本巨著，吸收不了他的思想精华了。他的成功，他的胜利，最主要的是靠坚持。而相比来说，他的著作所带给我们的震撼倒其次了，他的坚持精神所激励鼓舞我们的更多。

一位温文尔雅的律师，坚持和平手段，竟然有能力倾覆一个庞大的帝国。由于他取得了如此巨大的成功，后人在评价他时都认为功到自然成。成功之前难免有失败，然而只要能克服困难，坚持不懈地努力，那么，成功就在眼前。

他就是甘地！他因此而被印度人民尊为国父，也因为他采取非暴力的抗争方式，使得印度人民挣脱了被奴役的地位，随后引发各种争取独立的连锁反应。可当初，大家都认为甘地做的是白日梦，可是他却坚持所做的决定，结果终成事业。

也许在开始的时候，行动似乎并不顺，此时你就要记住心理学家兼哲学家威廉·詹姆斯曾说过的这段话："种下行动就会收获习惯；种下习惯便会收获性格；种下性格便会收获命运。"他的这段话其实是要向我们表达这样一个意思：习惯可以造就一个人，你可以选择自己的习惯，在使用座右铭时，你可以养成自己希望的任何习惯。例如，一个具有拖延习惯的人，往往会妨碍人们做事，因为拖延会消灭人的创造力。对员工而言，一个员工的行为是为了得到承认并获得应有的价值，那些通过一系列的财务数据反映出来的工作业绩，就是证明你在一个公司有没有工作成绩的有力证据。它能证明你的工作能力，显示你的人格魅力，体现你在公司的地位和个人价值的实现。所以，无论做什么事情，只要你去做了，总会做出成绩的。

保罗·迪克刚刚从祖父手中继承了美丽的"森林庄园"，一场雷电引发的山火却将其化为灰烬。面对焦黑的树桩，保罗欲哭无泪。年轻的他不甘心百年基业毁于一旦，决心倾其所有也要修复庄园。于是，他向银行提交了贷款申请，但银行却无情地拒绝了他。接下来，他四处求亲告友，依然是一无所获……

所有可能的办法全都试过了，保罗始终找不到一条出路，他的心在无尽的黑暗中挣扎。他知道，自己以后再也看不到那郁郁葱葱的树林了。为此，他闭门不出，茶饭不思，眼睛熬出了血丝。

一个多月过去了，年已古稀的外祖母获悉此事，意味深长地对保罗说："小伙子，庄园成了废墟并不可怕，可怕的是你的眼睛失去了光泽，一天天地老去。一双老去的眼睛，怎么能见到机会呢？”

保罗在外祖母的劝说下，一个人走出了庄园，走上了陌生的街头。保罗看见一家店铺的门前人头攒动，他下意识地走了过去。原来，是一些家庭妇女正在排队购买木炭。那一块块躺在纸箱上的木炭忽然让保罗眼睛一亮，他看到了一线希望。

在接下来的两个多星期里，保罗雇了几名烧炭工，将庄园里烧焦的树加工成优质的木炭，分装成箱，送到集市上的木炭经销店。结果，木炭被一抢而空，他因此得到了一笔不菲的收入。

不久，他用这笔收入购买了一大批新树苗，一个新的庄园又初具规模了。几年以后，“森林庄园”再度绿意盎然。

对年轻的保罗来说，当他擦亮自己的双眼后，生活的道路便重新展现在他的面前。其实，人生就是这样，只要心中还有一线希望，那么无论来自外界的不幸是怎样的沉重，无论源于自身的灾难是如何的巨大，脚下总会有一条新的道路。

麦杰是位成功的商人，却不幸患上了白内障，视力严重受损，不要说阅读写作，就连驾车外出都极其艰难。与他一同患病的一位病友受不了这种折磨，每天都喝得酩酊大醉，总是对着别人大发雷霆，仅仅过了半年，那位病友便离开了人世。目睹此景，麦杰备感凄凉。因为疾病，他也不得不结束原来的生意，他的生活渐渐陷入了困境。

在那段举步维艰的日子里，书给了酷爱阅读的麦杰很大慰藉。因为患病，麦杰深深体会到视力不良者的不便与需求，他决定寻找一种容易阅读的字体。

经过差不多一年的研究，麦杰发现在纸上印有粗线条的斜纹字体，不但对视力有障碍的人大有帮助，也能提高一般人的阅读速度。于是，麦杰把自己仅有的15000元存款从银行里取了出来，把这组新研究出来的字体整理妥当，计划全面推广。麦杰在加州自设印刷厂，第一部特别印刷而成的书面市了。一个月内，麦杰接到了订购70万本的订单。

从这些人的成功经历来反思我们，我们是不是会因自己的一些失败就止步不前呢？是不是就此动摇而另谋他途呢？绝对不能有这些念头！具备坚持到底的毅力，这乃是构建成功人生最有价值的品格。因为要想实现自己的目标，不能单凭兴趣，而必须全力以赴，立即行动，一时的挫折，完全可能提供你日后更大的成功的眼光和经验！

所以，当我们想做一件事的时候，如果已经下定决心了，就立刻去做。如果我们这样做了，往往会激发潜能，往往会使我们最热望的梦想得以实现。

潜能激发：行动改变命运

心动不如行动，只有大胆地行动、持续不断地努力，才能获得更多的机会和更大的成就！我们只有付诸行动，才能勇敢地去迎接每一个挑战。毕竟成功是一种努力的累积，不论何种行业，想攀登上顶峰，通常都需要漫长时间的努力和精心的规划。只有行动，才能真正地体现我们自身的价值。

当我们开始踏上人生的旅程，其间必然会面对各种各样的挫折。不要害怕碰壁和挫折，它将使我们学会许多关于人生必须明白的道理和规则。因为每天都做着同样的事情，直到意外的挫折才会让我们清醒。多数人在遭受挫折以后会幡然醒悟，挫折激发潜力，从而找到更足够的理由去改变、去行动。

韩小洋曾是一位多产的作家，在出版界，人们对他的评价是：他是一个非常有才干的人。但是最近不知道为什么面对电脑时，他总是什么也写不出来，满脑子全是空白。

韩小洋希望在动笔之前先产生灵感，然后才能写作。他认为，优秀的作家总是在觉得自己精力旺盛、文思泉涌的时候才动笔。为了写出好的作品，他觉得必须"等到灵感来了"之后再写。如果哪一天觉得心情不好，有了不想动手的情思，也就意味着他在那一天就什么也做不成。

不用说，既然要符合这样理想的条件才能投入到行动中去，才能投入到工作中去，那就调整好自己的心情，使自己在什么情况下都能感到能够办成任何一件事情。但对于韩小洋来说，由于他情绪不好，就很难感到有创作的欲望，于是觉得失望，这就更使他不能“情绪好起来”，所以，他写出的东西也就更少了。

而出版了很多书的作者李伟的做法正好与韩小洋相反。他说：“对于我们的工作习惯，我总是立即投入到行动中，而且对于‘情绪’这种问题必须毫不留情。从某种意义上说，写作会产生情绪。如果我觉得筋疲力尽，觉得精神微弱只剩下一口气，觉得任何东西也不值得再坚持5分钟，那么，我就强制自己去写。不知道为什么，一写起来，情况全都变了。”

其实，韩小洋需要采取的第一个步骤就是培养“能够坐下来的力量”。要想写东西，就得在电脑前心平气和地坐下来。这个道理听起来很简单，但是常常很难做到。韩小洋平常想要写作时，脑子就变得空白。这种情况使他感到害怕，所以不愿意瞪着空白的稿纸，就赶快离开了电脑。

对于韩小洋来说，在洗手间里摆弄摆弄胡子，或者待在花园里收拾收拾玫瑰花，是不会弄出白纸上的黑字来的。要想完成一项工作，就得待在可能实现目标的那个地方。像韩小洋这种情况，他非得立即投入行动才能成功，毕竟他只有坐在电脑前，才能一个字一个字地打出东西来。

为了克服这个困难，韩小洋下决心改变这种情况，于是他给自己制定了一个日程表。每天早晨七点半，他的闹钟就响了。到了八点钟，他就得坐在电脑面前开始工作。他的动机只有一个，他的任务也只有一个，那就是坐在电脑面前，一直坐到在电脑里写出些什么来，如果写不出来就坐一整天。

他还订了一个奖惩办法：如果写不完1000字，他就不允许自己去吃早餐。

第一天，韩小洋忧心忡忡，焦躁不安，直到下午两点还没有写出一个字，自然他也就不能吃早餐了，更不用说午餐了。

第二天，韩小洋进步很快，刚坐到电脑前面一个小时就写了1500字，结果，他可以给自己吃早餐了。

第三天，他几乎一下子就投入了工作，全天下来，他就写了5000字，而且是写到3000字的时候，他才想起吃早餐。

他的作品终于创造出来了。他就是靠坐下来动手学会了怎样勇敢地承担艰难棘手的工作。

在前面已经提到过，李伟也是出版过多本著作的作家。他也经常遇到“写作阻滞”，按照他的说法，“有时就是在文字里绕圈圈”，每当遇到这种情况，他的办法就是“坐下来”。

他承认，有时一连几天写起东西来很费劲。但是，每一天他都强迫自己坐到电脑前面去打字。一旦字在电脑里显现出来，他就有机会看看到底是多坏多好，然后也就能够动手修改润色了。正是有了这种感受，所以他说：“如果你能这样去做，就能帮助你做第一次冲刺。虽然第一次冲刺成功的机会很小，但是可以使你不再恐惧和顾虑重重。第一天，你甚至可能觉得浑身难受，但是别泄气，第二天就会轻松一点。试到第三天，你也许觉得轻松得多，甚至觉得用这种‘能够坐下来的力量’来对付艰难的工作是件好事情了。”

所以，要想在有所改变或者有所创新的领域里取得成功，就要大胆地去行动，只有行动了、动手去做了、才是最关键的。我们的命运不会因为“不行动”而改变，却可以因为“行动”而改变。行动中如果能够做到全力以赴，我们就可以坚信：行动改变命运。

温馨提示：

一个人要想得到发展，除了能干、会干外，还要会表现，但更重要的还要会行动。一个人只有采取积极的行动才能带来积极的效果。

行动是成功的开始

世界上有许多做事有成的人，并不一定是因为他比你会做，而是因为他比你敢于行动，比你敢做。

——（英）培根

人们常常感叹：为什么有些人总是能把事情做得很好，似乎什么事都难不住他们，而我却似乎总是无法做好。你想知道做事情的秘诀吗？其实很简单，就是行动。也就是说，只要你去行动，只要你敢于把握机会，简单一句话：行动是成功的开始。

成功的机会是均等地摆在大家面前的，能力强的人不一定把握住机会，而敢于冒险的人往往会成功。管理学理论认为：要克服现实中存在的不确定性和信息的不完善性，最优解是组织内有一位富于冒险性的战略家。

群龙四起之时，强权主事，谁最大胆，谁最霸气，谁就能生存下来。1987年，深圳正在经历着一个从小渔村向现代化大都市发展的痛苦嬗变，冒险家们蜂拥到这片土地上寻找财富。那时缪寿良是深圳一个刚冒起不久的采石场的头儿。

缪寿良是和深圳一起成长起来的财富英雄。草莽创业的时代过去以后，随之而来的是缪寿良的富源集团的稳步发展时期。但是市场风云变幻莫测，一次楼价180°逆转，险些把缪寿良的富源集团打入万劫不复的境地，缪寿良借其作为企业家的过人胆识和英雄本色走出了困境。

1993年以后是一个低谷，深圳的楼盖得太多太急，难免有滥竽充数的，再加上电梯的质量不太好，人们对电梯危险存有恐惧，同时物业管理费出奇的高，使得高楼的价格来了一次高台跳水，原来9000多元一平方米的高楼的楼价跌到了5000多元，而多层的楼价却从5000多元一路飚升到9000多元。

楼市跳水之前，缪寿良把大笔的资金投在了建筑高楼上，因为他认为人们都喜欢住高楼，登高望远。楼市跳水，缪寿良的一两个亿的资金顿时被套牢。

认真分析形势后，缪寿良认为这股高楼的寒潮可能会持续5年左右的时间，如何挺过这么漫长的“冬天”呢？缪寿良觉得必须投资新的项目。他作了一个比喻，这就像寒潮来临的时候，你还穿着单衣，要想不被冻死，只有不停地运动。于是，缪寿良将高楼的项目暂时搁置，趁着地价低，大量购置土地，大规模地上工厂和商贸城项目，在宝城海滨修建了富源工业区。

但这是相当冒险的决定。把一两亿资金的项目搁置起来，再大规模地进军其他产业，并不是任何人都可以办到的。若没有强大的融资能力，资金链条早已断裂。更危险的是，如果房地产市场持续低迷，超出事先估计的时间，多米诺骨牌效应肯定会使集团内的所有项目都出现问题。当年巨人集团就是因为修建巨人大厦，使资金周转出现问题，导致企业以摧枯拉朽之势顷刻之间覆灭的。

谈及当时的情形，缪寿良说："不管冒险与否，已经是背水一战了。"

所幸，随着宝安新中心区的规划建设，宝城海滨不久就成为黄金地段，招商引资获得了极大成功。缪寿良乘胜追击，又在宝城、南头、鹤州、西乡买地修建工业区、酒店、海滨综合开发市场。就在这段时间，富源集团成功地实现了转型，业务扩展到了房地产开发、工业、贸易、商业、酒店业、教育等领域。

直到寒潮过去，缪寿良才重新启动了搁置的高楼建设项目。

当年深圳这场楼市跳水，令多少财富英豪倾家荡产！然而缪寿良的背水一战却获得了奇迹般的胜利。只是，当年缪寿良的自救资金从何而来呢？记者问他，他笑而不答，只承认在这个过程中，他使用了许多的商业手法，在困难中挖掘和抓住稍纵即逝的机遇，锲而不舍，坚忍不拔，最终走向成功。

因此，对于企业家说，成功的过程当然允许冒险，只要你冒险了，你就有获得成功的机会。毕竟在机会面前，那些能在第一时间采取行动的人，总能得到他们想要的。而那些看见了机会却迟迟犹豫的人，只能在羡慕的眼光中“享受”那原本属于自己的成功。如果你心存拖延逃避，就能找出成打的借口来解释为什么事情不可能完成或做不了，而事情该做的理由却少之又少。把“事情太困难、太昂贵、太花时间”作为借口的人，他们是不能走向成功的。只有那些能够快速地做出决定，并能够立即付诸行动的人，才能成功。

潜能激发：不要犹豫，勇往直前

贝多芬曾经说过：“人应该自助，马上行动是最快的捷径。”正是马上行动的意志克服了心理的阻力——自卑。克服自卑，意识到自己的不足，便会努力学习别人的长处，来弥补自己的缺陷，从而使性格受到磨砺，而坚强的性格正是获取成功的心理基础。假如你具备了知识、技巧、能力、良好的态度和成功的方法，懂得比任何人都多，但你还可能不会成功。因为你必须要行动，这就是人们常说的“一百个知识不如一个行动”。

我们生存的这个世界，观众已经太多了，我们需要更多的演员，更多实际参与、推动、实行、贡献、开创的人。

莫耶士就读于北德州立大学时，硬着头皮写信给总统候选人詹姆森表示要自愿加入助选团，为詹姆森争取德州选票。莫耶士勇敢地跨出了这一步，使他成了公众人物。在极短的时间内，成了美国的新联秘书，然后当上某电视台新闻网的评论员，成为美国有史以来最有影响力的广播人。莫耶士多年来始终拥有展现才华的机会，这一切皆起始于一封自我推荐信，即他主动跨出的第一步，也就是“行动”两个字。

1990年年底，祝义才放弃了水产品贸易，决定做实业。他说：“做贸易，我不忠实，无法做出自己的品牌。况且，贸易做得再好，也只是个中介，唯有实业才是我人生的事业，我得创立新的项目，拥有新的市场。”对于从未做过实业的祝义才来说，无疑是相当冒险的。

整整4个月，祝义才背着小包，周游大江南北，在上海、南京、武汉、重庆等20多个大中城市进行市场调查。考察中，祝义才清楚地看到国内饮料行业在洋品牌的围追堵截之下节节败退，由昔日的辉煌跌入几乎全军覆没的窘境。而肉食品行业，尽管还未受到洋品牌的狙击，但由于传统工艺的局限，产品等级低，质量粗糙，市场急剧萎缩，大批食品企业纷纷关闭、停产。此时，国内生肉的加工量不足3%。而在发达国家，这一比例高达80%。1990年，正是国家加快改革开放的时候，祝义才清楚地认识到：这种只能在涉外宾馆里享用的低温食品，很快会随着现代城市的发展，走上中国百姓的餐桌。中国百姓十多亿人，拥有上亿个家庭，这个庞大的基数决定了低温食品在中国是“朝阳产业”，蕴含着巨大而广阔的发展空间，前途无量。他对自己说：“这是一个极大的商机！”

确定了投资目标，祝义才说干就干。1991年3月，祝义才返回安徽合肥，投资450万元迅速成立了华润肉食品加工厂，从设备安装调试到投产仅用了15天，自行研制的低温火腿系列肉食品也迅速在当地市场打开局面。

但是，在合肥，他同样遭遇了众多民营企业起步时的尴尬：今天某单位来收费，明天某单位来检查，后天又是停电、停水，甚至经常遭到当地流氓地痞的敲诈勒索，扬言不交保护费，就别想正常生产，而收取了企业治安费的政府部门对此却不闻不问。祝义才第一次感到了创业的压力和艰难。

祝义才再次面临抉择：要么再回办公室里坐着终了此生，要么进行二次创业。爱上了“弄潮”的祝义才已不愿再回头，于是他决定进行第二次市场调查。不过，这次的重点是考察各地的投资环境，为自己的二次创业寻找一番天地。祝义才仔细考察了从重庆到上海，再到南京的沿江6省市。最后，他看中了南京。“当时我们的原料基地在苏北和皖北，而主要的销售市场在上海，沿苏北到上海一线，南京正好处于中间，而且肉食品行业属于劳动密集型产业，南京的劳动力也比较低廉。更重要的一点是，当时南京的投资环境还不错，地方政府对我们企业非常支持。”辗转两年，祝义才创业的梦终于在南京扎下了根。

从这里我们可以看到，无论做什么事情，我们都要掌握时间，立即行动！我们只有通过立即行动，才能超越竞争对手，才能帮助自己达到目标，才能使我们走向成功。而在这个过程中，我们不要怀疑，不要犹豫，更不应该贬低自己，只要勇往直前，付诸行动，我们就一定能走向成功。

温馨提示：

资质平庸的人若能勤奋，其成就会超过禀赋优异而不知努力的人。奋斗可以创造出价值。未经一番寒彻骨，焉得梅花扑鼻香。要主动展开行动，努力奋斗！这么做绝对值得。

行动开创事业

在任何一块土地上，你都会找到珍宝，不过你应该以农民的信心去挖掘。

——（黎）纪伯伦

现实生活中，只有行动起来的人，才能在行动的过程中获得生活的乐趣。即使行动的方向有误，他也会从中汲取到经验，使自己在今后的道路上有更多的经验来走出困境。

有一个貌不惊人的年轻人，毕业于一所几乎没人知道的一个地方专科学校，他所在学校只能算是地方的大专院校，这也就意味着他毕业了之后也只会拥有大专学历。可是在满满一屋子来自各名牌大学、有着硕士博士头衔的应聘者中，他的表现却是与众不同的。

尽管他很自信，可是面试官还是很快地掂出了他的分量：他在专业能力方面并不能胜任这个职位。他的求职申请被拒绝了。

这位应聘者在得知自己已被淘汰出局后，脸上露出了一点儿失望和尴尬的神情，可是他并没有马上离开，而是起身对面试官说："请问你能否给我一张名片？"

面试官冷冷地看着他，从心底里对这种死缠烂打的求职者缺乏好感。

"虽然我无法成为贵公司的员工，但我们也许能够成为朋友。"他说。

"哦？你这么想？"

"任何朋友都是从陌生人开始的。如果有一天你找不到打网球的搭档，可以找我。"

面试官看了他一会儿，掏出了名片。

面试官的朋友们都很忙，确实经常为找不到伴儿打网球而烦恼，后来他们两人也就真的成了朋友。

有一天面试官问他："你不觉得你当时所提出的要求有点过分吗？要知道，你只是一个来找工作的人，你凭什么会那样说？如果我根本不理会你，那么你怎么下台？"

"其实人最怕的不是失败本身，而是失败以后的尴尬。很多人不敢去做一些本来也许可以做成的事，就是害怕丢脸。可是真正丢脸的不是失败，而是不敢想象失败。其实很多事情都是从尴尬开始的，包括交朋友。"

他接着说："大学时候我曾经非常喜欢一个女孩儿，可是几年时间里我只敢远远地看着她，我怕被她拒绝。我担心如果向她表明心迹，她会用一种冷冷的眼光看着我说：‘你也配这样想？’如果这样我会无地自容。就这样，我被自己的想象吓住了。后来我偶然得知，她以前一直对我很有好感。我错过了本该属于自己的幸福……

从那以后，每当怯懦、退缩的念头冒出来时，我都会拿这件事来告诫自己，不要怕可能会出现的任何尴尬。否则我还是会一次次地错过成功的机会。

你相信吗，我现在已经敢于面对一切了，不管前面是一个吸引我的女孩儿，还是某个万人大会的讲台，我都会迎上去，虽然我的心在怦怦乱跳，虽然我知道自己可能还不够资格……”

这就是说，行动本身能够增强信心，信心能促使你去行动。只要你用行动去捅破一层窗户纸，外面的阳光就会照射进来。建立你的信心，用行动来帮助你达到目标，用行动来激发潜能。

司马晓丽和司马露的父亲是一个失败的画家。他有才能，但他必须赚钱维持一家人的生计，这就使他无法作画而只是收集图画，这样，司马姐妹就增长了美术知识以及对美术作品的鉴赏力。

她们的朋友常来同她们商量应当买什么样的画去装饰他们的家庭，她们常常把她们收集的画借给朋友们使用很短的一段时间。

一天夜里3点钟，司马晓丽唤醒了司马露。

“不要争论，我有一个极好的想法！我们马上成立一个租赁公司。”

“什么租赁公司？”司马露问道。

“就是把家中的画收集起来，出租出去，收取租金，我们所要做的事是开展图画出租的业务！”

司马露同意了。这是一个极好的想法。就在同一天，她们开始工作了——虽然朋友们警告她们：有价值的图画可能遗失或被盗，也可能发生法律诉讼和保险问题，但她们仍坚持下去——她们筹措了300美元的资金，并且说服了父亲把皮货店的底层提供给她们开展业务。

她们从珍藏的图画中选出1800幅装在画框中，她们不顾父亲忧伤而反对的眼光，她们积极地行动起来了。

这个新奇的想法实现了！虽然第一年是艰难的，但她们还是有大约500幅图画经常出租给商业公司、医生、律师以及家庭。

有一个重要的租户是一位在监狱里待了8年之久的人，他很客气地寄来一封信，信的大意是可能会由于司马姐妹考虑到他的住址，不会借画给他。但是除去运费，一些画还是免费借到他的手中了。监狱当局为了回报这个图书馆，写了一封信给司马姐妹，说明她们的图画如何用于艺术欣赏，使几百个囚徒获益匪浅。

司马晓丽和司马露从一个想法出发，积极地行动起来，行动增强了她们的信心，释放了她们的潜力，行动开创了她们的事业。

潜能激发：落实行动

在我们的工作与生活中，我们不要等待奇迹发生了才开始实践你的梦想。今天就开始行动！如果你想在一切就绪后再行动，那你会永远成不了大事。因此，如果你想取得成功，就必须先从行动开始。迪斯雷利曾指出："虽然行动不一定能带来令人满意的结果，但不采取行动就绝无任何结果可言。"所以，有机会不去行动，就永远不能创造有意义的人生。人生不在于有什么，而在于做什么。身体力行总是胜过高谈阔论，经验是知识加上行动的成果。若想欣赏远山的美景，至少得爬上山顶。就像我们要吃到美味的面包，就必须自己动手去做一样。生命中的每个行动，都是日后扣人心弦的回忆。但是，在现实生活中，每天都会有很多人把自己辛苦得来的新构想取消，因为他们不敢行动。

为此，我想起了一位企业家说过的一句话："我一生事业之成功，就在于克服拖延，立即行动。就在于每做一件事，都提早一刻钟下手。"如果我们这样做，哪怕我们现在有了新构想，如果过了一段时间，这些构想又会回来折磨我们。那么，面对这种情况我们怎么办呢？我们只有赶紧行动，只有朝着目标前进，不要左顾右盼，不要犹豫不决，不要拖延观望，才能做出好成绩。

希尔个人有不少类似经验。双亲从小培养他主动开创的精神，要求他如果发现有必要促成某种事情的成功，就要立即去行动，或者有必要让某些事发生，就应该采取主动；如果看见不对的事，就要明白地说出来；如果有办法矫正错误，就要先加以矫正，并继续大胆地提出来，勇敢地进行尝试。轮子若轧轧地作响，自会有人来添油；若不敢冒险，就什么也得不到。假如不提出要求，谁会给你机会呢？要掌握机遇，促成某些事情发生，现在不做，更待何时？自己不做，要谁来做？我们在世上的时间有限，不见得足够完成一切想做好的事情。我们不该一直漂浮不定、彷徨迟疑、延迟耽误，也不该迟迟不采取行动，我们必须把握有限的光阴，善加利用。我们的一生中，有许多重要的人际或社会关系，皆因我们鼓起勇气，采取主动而得以建立。别质疑自己“凭什么做这件事？”轻易为自己找到脱逃的借口。假如我们对某项工作已有所准备，就该去做。也许本来其他人可以做得比较好，在我们率先行动之前，他们或许连尝试的念头都没有过，或者他们愿意助我们一臂之力。还有另一种可能则是：由于付诸行动，使我们的准备更加周全，能力也获得增强，到了最后，变成最称职的人。一旦我们拟妥工作计划，就要展开行动，落实行动，完成计划。

其实，让自己落实行动也是一种能力。如果你想调换工作，如果需要接受特殊的职业教育训练，就要马上报名去参加，缴学费、买书、上课，并且认真做功课；如果你想学油画，那就先找到适合你的老师，购买需要的画具，然后开始练习作画；如果你想要实施，那现在就开始安排行程，着手规划。无论你的人生难关是什么，你今天就可以开始行动，并且坚持不懈。

在我们每个人的生命历程中，都有着种种的憧憬、种种的理想、种种的计划，如果我们能够将这一切的憧憬、理想与计划，迅速地加以执行，那么我们在事业上的成就不知道会有怎样的伟大。然而，人们往往有了好的计划后，不去迅速地执行，而是一味地拖延，以致让一开始充满热情的事情冷淡下去，使幻想逐渐消失，使计划最后破灭。

看看那些没有成功的人，其实仔细分析他们失败的原因，我们就会发现，他们完全知道自己要走向成功必须做什么，但他们迟迟不愿采取正确的行动，结果他们就只能收获失败。所以，我可以坦率地对大家说，成功的秘密是这样的：不要只是想着采取行动，而是要采取正确的行动！只要我们每天能够克服拖延，立即行动，成功就属于我们！

温馨提示：

如果你的目标已经制定好了，那么，你不能有一丝一毫的犹豫，应该坚决地投入到行动中。等待、观望只会使你延误时间，以致使你的目标或计划化为泡影。